中国地质大学(武汉)实验教学系列教材
中国地质大学(武汉)实验教材项目资助(SJC-201702)

无机地球化学实验指导书
WUJI DIQIU HUAXUE SHIYAN ZHIDAOSHU

刘金铃　乔胜英　闭向阳　编著

图书在版编目(CIP)数据

无机地球化学实验指导书/刘金铃等编著. —武汉:中国地质大学出版社,2020.12

ISBN 978-7-5625-4947-5

Ⅰ.①无⋯
Ⅱ.①刘
Ⅲ.①无机化学-地球化学-化学实验-高等学校-教学参考资料
Ⅳ.①P59-33

中国版本图书馆 CIP 数据核字(2020)第 242042 号

无机地球化学实验指导书	刘金铃 乔胜英 闫向阳	**编著**
责任编辑:马 严　　选题策划:毕克成 张晓红 王凤林　　责任校对:周 旭		
出版发行:中国地质大学出版社(武汉市洪山区鲁磨路388号)		邮编:430074
电　　话:(027)67883511　　传　　真:(027)67883580		E-mail:cbb@cug.edu.cn
经　　销:全国新华书店		http://cugp.cug.edu.cn
开本:787 毫米×1092 毫米　1/16	字数:128 千字	印张:5
版次:2020 年 12 月第 1 版	印次:2020 年 12 月第 1 次印刷	
印刷:湖北睿智印务有限公司	印数:1—1000 册	
ISBN 978-7-5625-4947-5		定价:32.00 元

如有印装质量问题请与印刷厂联系调换

中国地质大学(武汉)实验教学系列教材编委会名单

主　　　任：王　华

副　主　任：徐四平　周建伟

编委会委员：(以姓氏笔画顺序)

　　　　　　文国军　公衍生　孙自永　孙文沛

　　　　　　朱红涛　毕克成　刘　芳　刘良辉

　　　　　　肖建忠　陈　刚　吴　柯　杨　喆

　　　　　　吴元保　张光勇　郝　亮　龚　健

　　　　　　童恒建　窦　斌　熊永华　潘　雄

选题策划：毕克成　张晓红　王凤林

前　言

无机地球化学是地球化学学科的重要分支学科,侧重于以表生环境中的大气、水和土壤介质为研究对象,开展无机化学组成和化学变化的研究,进而认识元素在表生环境中的地球化学行为。科学合理地采集大气、水、土壤样品和准确开展实验室分析,是获得表生环境无机化学组成的前提,也是无机地球化学相关课程教学的主要内容。

本书共3章11节,包括无机地球化学实验基本知识、无机地球化学样品野外采集与保存和无机地球化学分析实验三部分的内容。其中第一章无机地球化学实验基本知识包括5节内容,主要涉及实验室规章制度与规范,实验室常用水,常用器皿与使用方法,化学试剂的分类、使用和存放,以及实验数据的记录和处理;第二章无机地球化学样品野外采集与保存包括3节内容,分别是大气样品的采集和保存、水样的采集和保存、沉积物/土壤样品的采集和制备;第三章无机地球化学分析实验包括3节内容,分别是大气环境无机地球化学分析、水环境无机地球化学分析、土壤环境无机地球化学分析。本书包括30个实验,内容涵盖了大气、水、土壤/沉积物样品的采集、制备,以及地球化学元素浓度水平和形态分析的方法。本教材侧重于无机地球化学基本实验原理和分析方法的介绍,注重培养学生的动手能力以及分析、解决问题的能力。

本书前言、第一章、第三章第二节由何德涛、汤华云编写,第二章、第三章第一节由刘金铃、闵向阳编写,第三章第三节由乔胜英、刘金铃编写。最后由刘金铃、乔胜英、闵向阳统编定稿。

本书可作为高等院校地球科学、环境科学、土壤科学等本科生环境地球化学、土壤化学、环境化学等课程实验教材或工具书,也可供从事相关专业工作的人员参考使用。

由于编著水平有限,书中不足之处在所难免,敬请读者提出宝贵意见,以便进一步修改完善。感谢中国地质大学(武汉)实验设备处对本实验教材建设的资助,感谢中国地质大学出版社编辑和工作人员的付出。

编著者

2020年7月

目 录

第一章 无机地球化学实验基本知识 (1)
第一节 实验室规章制度与规范 (1)
一、实验室管理制度 (1)
二、实验室安全管理制度 (2)
三、仪器使用管理制度 (3)
四、药品管理制度 (3)
第二节 实验室常用水 (4)
一、实验室常用水种类 (4)
二、实验室用水的要求 (5)
第三节 常用器皿与使用方法 (7)
一、玻璃器皿 (7)
二、瓷、石英、玛瑙、塑料等器皿 (8)
第四节 化学试剂的分类、使用和存放 (9)
一、化学试剂的分类 (9)
二、常见化学试剂的存放和使用 (10)
第五节 实验数据的记录和处理 (11)
一、实验数据的记录 (11)
二、实验数据的处理 (12)

第二章 无机地球化学样品野外采集与保存 (15)
第一节 大气样品的采集和保存 (15)
一、大气干湿沉降及采样器 (15)
二、大气沉降样品收集方式 (16)
三、大气干湿沉降样品的采集和处理 (16)
第二节 水样的采集和保存 (17)
第三节 沉积物/土壤样品的采集和制备 (18)
一、沉积物样品的采集和制备 (18)
二、土壤样品的采集和制备 (19)

第三章 无机地球化学分析实验 (21)
第一节 大气环境无机地球化学分析 (21)
一、大气氮沉降分析 (21)
二、大气颗粒物PM_{10}和$PM_{2.5}$中水溶性离子及元素分析 (23)

第二节　水环境无机地球化学分析 …………………………………………（25）
　　一、水体理化性质分析 ……………………………………………………（25）
　　二、水体中的元素分析 ……………………………………………………（34）
第三节　土壤环境无机地球化学分析 …………………………………………（43）
　　一、土壤理化性质分析 ……………………………………………………（43）
　　二、土壤中的元素分析 ……………………………………………………（53）
　　三、土壤中元素的形态分析 ………………………………………………（65）

主要参考文献 ………………………………………………………………………（70）
附表1　元素周期表 ………………………………………………………………（71）
附表2　不同温度下饱和甘汞电极电位 …………………………………………（72）

第一章 无机地球化学实验基本知识

第一节 实验室规章制度与规范

化学实验室是开展实验教学和科研活动的主要场所,涉及许多仪器、仪表、化学试剂甚至有毒药品。实验室规章制度的建立有助于规范实验室管理,约束进入实验室进行实验操作人员的行为,保障实验室人员和财产安全。因此,实验室规章制度和相关规范的学习以及实验安全教育应摆在实验教学的首位。

一、实验室管理制度

(1)实验人员应严格掌握,认真执行本室相关安全制度、仪器管理、药品管理制度等要求。

(2)进出实验室需要进行严格登记。如有不符合实验室工作和安全要求的,不予进入。工作时要穿工作服,工作服应经常清洗。实验前后都要注意洗手,以免因手脏而沾污仪器、试剂、样品,以致引起误差;或将有害物质带出,甚至误入口中,引起中毒。

(3)使用人员需参加专门的实验室使用规范培训并通过考核后,方可获准进入实验室进行实验。严禁未经许可擅自进入实验室或使用相关设备。实验前一定要做好预习和实验准备工作,检查实验所需的药品、仪器是否齐全。做规定以外的实验,应先经实验管理员和实验教师的允许。

(4)实验人员应爱护实验室各类仪器,按照规则使用、登记,保持设备清洁。对于精密仪器,实验人员需经专门培训且合格后,方能操作。未经许可不得改变设备仪器的预设参数。严格遵守各种仪器的操作规程。实验室的设备,未经许可不得擅自开关。设备仪器出现故障或发生事故,应及时向实验室负责人报告,安排专业人员进行检修。

(5)随时保持实验室卫生,不得乱扔纸屑等杂物,测试用过的废弃物要倒在指定的箱桶内,并及时处理。酸性溶液应倒入废液缸,切勿倒入水槽,以防腐蚀下水管道;碱性废液倒入水槽并用水冲洗。

(6)试剂应定期检查并有清晰标签,仪器定期检查、保养、检修。各种器材应建立请领消耗记录,使用仪器必须填写使用记录,破损遗失应填写报告,药品、器材等不经批准不得擅自外借或转让,更不得私自拿出。存放于冰箱内的各类溶液要注明具体名称、浓度、使用人姓名及配制日期。

(7)实验数据、结果要记在专用的记录本上。记录要及时、真实、齐全、清楚、整洁、规范,如有错误要重写,不得涂改。实验记录和报告单,应按照规定和需要保留一定时间,以备查考。

(8)实验完毕,及时清理现场和实验用具,对于有毒、有害、易燃、腐蚀的物品和废弃物应按有关要求执行,两手用清水和肥皂洗净,必要时用消毒液泡手,然后用水冲洗,工作服应经常清洗,保持整洁,必要时高温消毒。

(9)离开实验室前,尤其节假日前应认真检查水、电、气、汽和正在使用的仪器设备,关好门窗方可离去。

(10)非实验室工作人员未经许可,不得进入实验室。不得随便带外来人员到实验室,不得私自用实验室仪器设备和药品为外来人员做实验。

二、实验室安全管理制度

实验室的安全有序管理是实验工作正常进行的基本保证。凡是进入实验室工作、学习的教师、学生、其他科研人员,必须遵守实验室的有关规定。

(1)为了防止损坏衣物、伤害身体,做实验时必须穿长款实验服,禁止穿拖鞋进入实验室。

(2)禁止用湿的手、物接触电源。水、电、煤气一经使用完毕,就立即关闭水龙头、煤气开关,拉掉电闸。点燃的火柴用后立即熄灭,不得乱扔。

(3)严禁在实验室内饮食、吸烟或把餐具带进实验室。禁止使用实验室的器皿盛装食物,更不能拿烧杯等当茶具使用。实验完毕,必须洗净双手。

(4)所有药品、标样、溶液都应有标签,绝对不能在容器内装入与标签不相符的药品。

(5)应配备必要的护目镜。倾注药剂或加热液体时,容易溅出,不要俯视容器。尤其浓酸、浓碱具有强腐蚀性,切勿使其溅在皮肤或衣物上,眼睛更应注意防护。使用浓硝酸、盐酸、硫酸、高氯酸、氨水时,均应在通风橱下操作,如不小心溅到皮肤或眼内,应立即用水冲洗,然后用5%的碳酸氢钠溶液(酸腐蚀时采用)或5%的硼酸溶液(碱腐蚀时采用)冲洗,最后用水冲洗。加热试管时,切记不要将试管口指向人。实验时不要揉眼睛,以免将化学试剂揉入眼中。

(6)易燃溶剂加热时,必须在水浴中进行,避免使用明火。切忌将热电炉放入实验柜中,以免发生火灾。

(7)装过强腐蚀性、可燃性、有毒或易爆物品的器皿,应由操作者亲手洗净。空试剂瓶要统一处理,不可乱扔,以免发生意外事故。

(8)不要俯向容器去嗅放出的气味。面部应远离容器,用手把逸出容器的气体慢慢地扇向自己的鼻孔。会产生刺激性或有毒气体(如 H_2S、HF、Cl_2、CO、NO_2、SO_2、Br_2 等)的实验必须在通风橱内进行。

(9)金属汞易挥发,并可以通过呼吸道进入人体,逐渐积累会引起慢性中毒。所以做金属汞实验应特别小心,不要把金属汞洒落在桌上或地上。一旦洒落,必须尽可能收集起来,并用硫磺粉盖在洒落的地方,使金属汞转化成不挥发的硫化汞。

(10)移动、开启大瓶液体药品时,不能将瓶直接放在水泥地板上,最好用橡皮布或草垫垫好,若为石膏包封的,可用水泡软后开启,严禁用锤砸、打,以防破裂。

(11)将玻璃棒、玻璃管、温度计等插入或拔出胶塞、胶布时应垫有棉布,两手都要靠近塞子或用甘油甚至水,都可以很容易地将玻璃导管插入或拔出塞孔,切不可强行插入或拔出,以免折断刺伤人。

(12)开启高压气瓶时动作应缓慢,并不得将出口对着人。

(13)使用易燃易爆物品的实验,要严禁烟火,不准吸烟或动用明火,易燃易爆物品的储存必须符合安全存放要求。使用酒精喷灯时,应先将气孔调小,再点燃。酒精不能加太多,用后应及时熄灭酒精灯。

(14)消防器材要放在明显位置,严禁将消防器材挪作他用。

(15)保持实验室环境整洁,走道畅通,设备器材摆放整齐。实验室用的所有仪器,都应严格遵守操作规程,仪器使用完毕后拔出插头,将仪器各部旋钮恢复到原位。离开实验室时,整理好器材、工具和各种资料,切断电源,关好门窗和水龙头。

三、仪器使用管理制度

(1)实验室仪器安放合理,贵重仪器由专人保管,建立仪器档案,并备有操作方法、说明书及保养、维修、使用登记本。

(2)各仪器做到经常维护、保养和检查,精密仪器不得随意移动,若有损坏不得私自拆动,应及时报告通知相关人员,经负责人同意后联系维修人员。

(3)实验中的昂贵设备,未经许可不得擅自开关。昂贵仪器需经专门培训且合格后,方可操作。未经许可不得改变设备仪器的预设参数。严格遵守各种仪器的操作规程。

(4)实验室所使用的仪器、容器应符合标准要求,保证准确可靠,凡计量器具须经计量部门检定合格方能使用。

(5)易被潮湿空气、酸液或碱液等侵蚀而生锈的仪器,用后应及时擦洗干净,放通风干燥处保存。

(6)易老化变黏的橡胶制品应防止受热、光照或与有机溶剂接触,用后应洗净置于带盖容器或塑料袋中存放。

(7)各种仪器设备(冰箱、温箱、大型仪器除外),使用完毕后要立即切断电源,旋钮复原归位,待仔细检查后方可离开。大型仪器(如电感耦合等离子体质谱仪、电感耦合等离子体发射光谱仪等)使用完毕执行清洗步骤后,维持待机状态。

(8)一切仪器设备未经部门主管同意,不得外借,使用时按登记本相关内容进行登记。

(9)仪器设备应保持清洁,一般应有仪器套罩。

(10)使用仪器时,应严格按操作规程进行,对违反操作规程和因保管不善致使仪器、器械损坏,要追究当事人责任。

四、药品管理制度

(1)依据本室检测任务,制订各种药品、试剂采购计划,写清品名、单位、数量、纯度、包装规格等。

(2)各药品应建立账目,由专人管理,定期做出消耗表,并清点剩余药品。

(3)药品和试剂要分类存放,有毒的化学药品,要由专人负责保管,对药品的使用及领取做详细记录。

(4)所有药品、试剂要摆放整齐,贴有与内容物相符的标识。严禁将用完的原装试剂空瓶在不更换标签的情况下,装入其他试剂。时常检查药品瓶上的标签是否清楚,如模糊不清,应及时更换标签。

(5)剧毒药品应锁至保险柜,配置的钥匙由两个人同时管理,两个人同时开柜才能取出药品。

(6)强酸、强碱等有腐蚀性试剂,设专柜储存,使用时要带防护用具。

(7)易燃易爆药品应存放于阴凉干燥处、通风良好、远离热源、火源、避免阳光直射。

(8)严禁将氧化剂和可燃物质一起研磨或放在一起。爆炸性药品应在低温处储存,不得和其他易燃物质放在一起,移动时,不得剧烈震动。

(9)稀释浓硫酸时,只能将浓硫酸慢慢倒入水中,不能相反,必要时用水冷却。

(10)易燃液体的蒸馏、回收、回流、提纯操作要由专人负责,远离明火,操作过程中不得离人,以防温度过高或冷却水突然中断,周围不得放置化学药品。

(11)称取药品试剂应按操作规程进行,用后盖好,必要时可封口或用黑纸包裹,不得使用过期或变质药品。

(12)开易挥发试剂瓶时,不准把瓶口对着自己或他人。不可直接用鼻子对着试剂瓶口辨认气味,如有必要,可将其远离鼻子,用手在瓶口上方扇动一下,将气味扇向自己辨认,绝不可用舌头品尝试剂。

(13)取下正在沸腾的水或溶液时,须用烧瓶夹夹住摇动后取下,以防突然剧烈沸腾溅出溶液伤人。

(14)腐蚀性药品洒在皮肤、衣物或桌面时,应立即用湿布擦干,然后用相应的弱酸、弱碱清洗,最后用清水冲洗。药品不慎沾在手上应立即清洗,以免忘记而误食。

(15)购买试剂由使用人和部门负责人签字,任何人无权私自出借或馈送药品试剂。实验室所有药品不得携出室外,用剩的所有药品必须全部交还给教师或实验室管理员。

第二节 实验室常用水

一、实验室常用水种类

1. 蒸馏水(Distilled Water)

蒸馏水是实验室最常用的一种纯水,虽设备便宜,但极其耗能和费水且速度慢,应用会逐渐减少。蒸馏水能去除自来水内大部分的污染物,但挥发性的杂质无法去除,如二氧化碳、氨、二氧化硅以及一些有机物。新鲜的蒸馏水是无菌的,但经储存后细菌易繁殖。此外,储存的容器也很讲究,若是非惰性的物质,离子和容器的塑性物质会析出造成二次污染。

2. 去离子水(Deionized Water)

应用离子交换树脂去除水中的阴离子和阳离子,但水中仍然存在可溶性的有机物,会污染离子交换柱从而降低其功效,去离子水经存放后也容易引起细菌的繁殖。

3. 反渗水(Reverse Osmosis Water)

反渗水的生成原理是水分子在压力的作用下,通过反渗透膜成为纯水,水中的杂质被反渗透膜截留排出。反渗水克服了蒸馏水和去离子水的许多缺点,利用反渗透技术可以有效去除水中的溶解盐、胶体、细菌、病毒、细菌内毒素和大部分有机物等杂质,但不同厂家生产的反渗透膜对反渗水的质量影响很大。

4. 超纯水(Ultra-pure Grade Water)

超纯水的标准是水电阻率为 $18.2M\Omega \cdot cm$,但超纯水在 TOC、细菌、内毒素等指标方面并不相同,要根据实验的要求来确定,如细胞培养对细菌和内毒素有要求,而高效液相色谱法(High Performance Liquid Chromatography,HPLC)则要求 TOC 低。

二、实验室用水的要求

实验室用水的外观应为无色透明的液体,根据《分析实验室用水规格和试验方法》(GB/T 6682—2008)的规定,分析实验室用水的原水应为饮用水或适当纯度的水。实验室用水可分为3个等级:Ⅰ级水、Ⅱ级水和Ⅲ级水。Ⅰ级水,基本上不含有溶解或胶态离子杂质及有机质,用于有严格要求的分析实验,包括对颗粒有要求的实验,如高效液相色谱用水,可用Ⅱ级水经过石英设备蒸馏或超纯水制备装置制取后,再经 $0.2\mu m$ 微孔滤膜过滤。Ⅱ级水,可允许含有微量的无机、有机或胶态杂质,用于无机痕量分析等实验,如原子吸收光谱用水,可用多次蒸馏或超纯水制备装置制取。Ⅲ级水,用于一般的化学分析试验,可用蒸馏或离子交换的方法制取。其中,实验室用水要经过 pH 值、电导率、可氧化物限度、吸光度、蒸发残渣及可溶性硅6个项目的测定和试验,并应符合相应的规定和要求(表1-1)。不同级别的水可以用于不同领域的化学分析(表1-2)。

表 1-1 实验室用水标准

级别	Ⅰ级	Ⅱ级	Ⅲ级
pH 值范围(25℃)	难以测定,不规定	难以测定,不规定	5.0~7.5(pH 计测定)
电导率(25℃)(mS/m)	≤0.1	≤1.0	≤5.0
可氧化物限度(以 O 计)(mg/L)	无此测定项目	<0.08	<0.40

续表1-1

级别	Ⅰ级	Ⅱ级	Ⅲ级
吸光度（λ=254nm，25px光程）	≤0.001（石英比色杯，1cm为参比，测2cm比色杯中水的吸光度）	≤0.01（同左）	无此测定项目
蒸发残渣（105±2℃）(mg/L)	无此测定项目	≤1.0	≤2.0
可溶性硅（以SiO_2计）(mg/L)	<0.01	<0.02	无此测定项目

表1-2 不同级别纯水的应用

应用领域	纯水级别	相关参数
高效液相色谱（HPLC） 气相色谱（GC） 原子吸收（AA） 电感耦合等离子体光谱（ICP） 电感耦合等离子体质谱（ICP-MS） 分子生物学实验和细胞培养等	Ⅰ级水	电阻率(MΩ·cm)：>18.0 TOC含量($\times 10^{-9}$)：<10 热原(Eu/mL)：<0.03 颗粒(units/mL)：<1 硅化物($\times 10^{-9}$)：<10 细菌(clu/mL)：<1 pH：NA
制备常用试剂溶液 制备缓冲液	Ⅱ级水	电阻率(MΩ·cm)：>1.0 TOC含量($\times 10^{-9}$)：<50 热原(Eu/mL)：<0.25 颗粒(units/mL)：NA 硅化物($\times 10^{-9}$)：<100 细菌(clu/mL)：<100 pH：NA
冲洗玻璃器皿 水浴用水	Ⅲ级水	电阻率(MΩ·cm)：>0.05 TOC含量($\times 10^{-9}$)：<200 热原(Eu/mL)：NA 颗粒(units/mL)：NA 硅化物($\times 10^{-9}$)：<1000 细菌(clu/mL)：<1000 pH：5.0～7.5

第三节 常用器皿与使用方法

一、玻璃器皿

1. 常用玻璃器皿的用途和使用注意事项

无机地球化学实验室常用的玻璃器皿分为两大类：一类是作为容器用的玻璃器皿，如试管、烧杯、试剂瓶、样品瓶、比色管等；另一类是用于计量液体体积的计量玻璃量器，如量筒、量杯、移液管等，体积计量单位为毫升。因其计量的检定条件是以 20℃ 为标准，故在量器上标示出 mL、20℃ 的字样。常用玻璃器皿的用途和使用注意事项如表 1-3 所示。

表 1-3 常用玻璃器皿的用途和使用注意事项

名称	用途	注意事项
量筒	粗略量取一定体积的液体	不能加热；不能在其中配溶液；不能在烘箱中烘；不能盛热溶液
试剂瓶、细口瓶、广口瓶（棕色、无色）	细口瓶：存放液体试剂 广口瓶：存放固体试剂 棕色：存放需避光的试剂	不能加热；不能在其中配溶液；放碱液的瓶子应用橡皮塞；磨口要原配
移液管	准确地移取溶液	不能加热
容量瓶	配制准确体积的溶液	不能烘烤或直接加热，可用水浴加热；不能存放药品
烧杯	配制溶液	可直接加热，但需放在石棉网上（使其受热均匀）
三角烧瓶	加热处理试样、容量分析	可直接加热，但需放在石棉网上
圆底烧瓶（蒸馏瓶）	加热或蒸馏液体	可直接加热，但需放在石棉网上
试管	定性检验、离心分离	可直接在火上加热；离心试管只能在水浴上加热
比色管	粗略测量溶液浓度，可用于比色分析	不能加热，需轻拿轻放，同一比色实验中使用同样规格的比色管
硼硅玻璃瓶	样品瓶、配制溶液	可马弗炉 500℃ 灼烧
滴定管（酸式、碱式、无色、棕色）	容量分析滴定操作	不能加热；活塞要原配；漏水不能用；酸式、碱式不能混用
干燥器（棕色、无色）	保持烘干及灼烧过的物质的干燥	底部要放干燥剂，盖磨口要涂适量凡士林；不可将炽热物体放入，放入物体后要间隔一段时间开盖，以免盖子跳起

2. 玻璃器皿的清洗

洗涤玻璃仪器的方法很多,应根据实验的要求、污物的性质和污染的程度来选用。常用洗涤方法如下:

(1)用水刷洗。

(2)用合成洗涤剂洗或肥皂液洗。

(3)碱性高锰酸钾洗液:4g 高锰酸钾溶于水中,加入 10g 氢氧化钾,用水稀释至 100mL。用于清洗油污或其他有机物质。

(4)草酸洗液:5~10g 草酸溶于 100mL 水中,加入少量浓盐酸。此溶液用于洗涤高锰酸钾洗后产生的二氧化锰。

(5)碘-碘化钾洗液(1g 碘和 2g 碘化钾溶于水,用水稀释至 100mL):用于洗涤硝酸银黑褐色残留污物。

(6)纯酸洗液:1∶1 的盐酸或硝酸,用于除去微量离子。

(7)碱性洗液:10%的氢氧化钠水溶液。加热使用去油效果较好。

(8)有机溶剂(乙醚、乙醇、苯、丙酮):用于洗去油污或溶于该溶剂的有机物。

注意:需准确量取溶液的量器,清洗时不宜使用毛刷,因长时间使用毛刷,容易磨损量器内壁,使量取不准确。玻璃器皿清洗完,内壁应完全被水润湿而不挂水珠,表明清洗干净了。

清洗完的玻璃器皿需干燥处理,不急用的可倒置自然干燥;也可用 105℃~120℃烘箱烘干(注意量器不可在烘箱烘干);急于干燥的可用热风吹干(玻璃仪器烘干机)。

二、瓷、石英、玛瑙、塑料等器皿

1. 瓷器皿

实验室所用的瓷器皿实际上是上釉的陶器。因此,瓷器的许多性质主要由釉的性质决定。它的熔点较高(1410℃),可高温灼烧,如瓷坩埚可以加热至 1200℃,灼烧后质量变化小,故常用来灼烧沉淀和称重。它的膨胀系数为 $(3~4)\times 10^{-6}$,在蒸发和灼烧的过程中,应避免温度的骤然变化和加热不均匀现象,以防破裂。瓷器皿对酸碱等化学试剂的稳定性较玻璃器皿的稳定性好,但是同样不能与氢氟酸接触,过氧化钠以及其他碱性溶剂也不能在瓷器皿或瓷坩埚中熔融。

2. 石英器皿

石英器皿的主要化学成分是二氧化硅,除氢氟酸外,不与其他的酸作用。在高温时,能与磷酸形成磷酸硅,易与苛性碱及碱金属碳酸盐作用,尤其在高温下侵蚀更快,甚至可以进行焦磷酸钾熔融。石英器皿热稳定性好,在约 1700℃ 以下不变软、不挥发,但在 1100℃~1200℃ 开始失去玻璃光泽。由于它的热膨胀系数较小,只有玻璃的 1/15,故而热冲击性好。石英器皿价格较贵,脆而易于破裂,使用时须特别小心,它的洗涤方法大体与玻璃器皿相同。

3. 玛瑙器皿

玛瑙器皿的主要成分是二氧化硅,特点是硬度大,性质稳定,与大多数试剂不发生作用,一般很少带入杂质,用玛瑙制作的研钵是研磨各种高纯物质的极好器皿。在地球化学分析中,常用它研磨样品。玛瑙研钵不能受热,不能在烘箱中烘烤,不能用力敲击,也不能与氢氟酸接触。使用完毕后可以用酒精擦洗干净。

4. 塑料器皿

实验室常见的塑料器皿是聚乙烯材料。低相对密度($\rho=0.92$)聚乙烯熔点为108℃,加热温度不能超过70℃;高相对密度($\rho=0.95$)聚乙烯熔点为135℃,加热温度不能超过100℃。它们的化学稳定性和机械性能好,可代替某些玻璃、金属制品。耐一般酸、碱腐蚀,但能被氧化性酸(浓硝酸、硫酸)慢慢侵蚀;室温下不溶于一般有机溶剂,但与脂肪烃、芳香烃、卤代烃等长时间接触溶胀。

聚四氟乙烯(简称PTFE或F4,特氟龙)是由四氟乙烯经聚合而成的高分子化合物,具有优良的化学稳定性、耐腐蚀性、耐热性,使用温度可达250℃,当温度超过415℃时急剧分解,可用于制造烧杯、蒸发皿、表面皿等。聚四氟乙烯制的坩埚能耐热至250℃(勿超过300℃),可以进行氢氟酸处理。

第四节　化学试剂的分类、使用和存放

化学试剂又叫化学药品,简称试剂,是指具有一定纯度标准的各种单质和化合物(也可以是混合物)。只有深入了解化学试剂的分类、使用和存放等相关知识,才能安全、顺利地进行各项实验,既可保证达到预期实验目的,又可消除对环境的污染。

一、化学试剂的分类

试剂分类的方法较多,按状态可分为固体试剂、液体试剂;按用途可分为通用试剂、专用试剂;按类别可分为无机试剂、有机试剂;按性能可分为危险试剂、非危险试剂等。

1. 危险试剂的分类

根据危险试剂的性质和储存要求可分为以下五类。

1)易燃试剂

易燃试剂指在空气中能够自燃或遇其他物质容易引起燃烧的化学物质,根据存在状态或引起燃烧的原因不同常可分为:①易自燃试剂,如黄磷等;②遇水燃烧试剂,如钾、钠、碳化钙等;③易燃液体试剂,如苯、汽油、乙醚等;④易燃固体试剂,如硫、红磷、铝粉等。

2)易爆试剂

易爆试剂指受外力作用会发生剧烈化学反应而引起燃烧爆炸,同时能放出大量有害气体的化学物质,如氯酸钾等。

3）毒害性试剂

毒害性试剂指对人或生物以及环境有强烈毒害性的化学物质,如溴、甲醇、汞、三氧化二砷等。

4）氧化性试剂

氧化性试剂指对其他物质能起氧化作用而自身被还原的物质,如过氧化钠、高锰酸钾、重铬酸铵、硝酸铵等。

5）腐蚀性试剂

腐蚀性试剂指具有强烈腐蚀性,对人体和其他物品能因腐蚀作用发生破坏现象,甚至引起燃烧、爆炸或伤亡的化学物质,如强酸、强碱、无水氯化铝、甲醛、苯酚、过氧化氢等。

2. 非危险试剂的分类

根据非危险试剂的性质与储存要求可分为以下五类。

1）遇光易变质的试剂

这类试剂指受紫外光线的影响,易引起试剂本身分解变质,或促使试剂与空气中的成分发生化学变化的物质,如硝酸、硝酸银、硫化铵、硫酸亚铁等。

2）遇热易变质的试剂

这类试剂多为生物制品及不稳定的物质,在高气温中就可发生分解、发霉、发酵作用,有的在常温下也如此,如硝酸铵、碳铵、琼脂等。

3）易冻结试剂

这类试剂的熔点或凝固点都在气温变化范围以内,当气温高于熔点,或下降到凝固点以下时,试剂就会由于熔化或凝固而发生体积的膨胀或收缩,易造成试剂瓶的炸裂,如冰醋酸、晶体硫酸钠、晶体碘酸钠以及溴的水溶液等。

4）易风化试剂

这类试剂本身含有一定比例的结晶水,通常为晶体。常温时在干燥的空气中(一般相对湿度在70%以下)可逐渐失去部分或全部结晶水而有部分变成粉末,使用时不易掌握其含量,如结晶碳酸钠、结晶硫酸铝、结晶硫酸镁、胆矾、明矾等。

5）易潮解试剂

这类试剂易吸收空气中的潮气(水分)而产生潮解、变质、外形改变、含量降低甚至发生霉变等,如氯化铁、无水乙酸钠、甲基橙、琼脂、还原铁粉、铝银粉等。

二、常见化学试剂的存放和使用

1. 易挥发且腐蚀性强的试剂

1）浓盐酸

浓盐酸极易放出氯化氢气体,具有强烈刺激性气味,所以应盛放于磨口细口瓶中,置于阴凉处,要远离浓氨水。取用或配制这类试剂的溶液时,若量较大,接触时间又较长者,还应戴上防毒口罩。

2)浓硝酸

浓度在 86%~98% 的硝酸叫"发烟硝酸",因这种酸更易挥发,遇潮湿空气形成白雾,有腐蚀性,并且有毒,要注意戴聚乙烯塑料手套以及特别的口罩。浓硝酸在光照下会分解出二氧化氮而呈黄色,所以常将浓硝酸盛放在棕色试剂瓶中,并且放置于阴暗处。

2. 剧毒试剂

常见的剧毒试剂有氰化物、砷化物、汞化合物、铅化合物、可溶性钡的化合物以及汞、黄磷等。这类试剂要求与酸类物质隔离,放于干燥、阴凉处,专柜加锁。取用时应在指导下进行。

3. 易变质的试剂

1)固体烧碱

氢氧化钠极易潮解并可吸收空气中的二氧化碳导致变质不能使用,所以应当保存在广口瓶或塑料瓶中,塞子用蜡涂封。特别要注意避免使用玻璃塞子,以防黏结。氢氧化钾与此相同。

2)碱石灰、生石灰、碳化钙(电石)、五氧化二磷、过氧化钠等

碱石灰、生石灰、碳化钙(电石)、五氧化二磷、过氧化钠等都易与水蒸气或二氧化碳发生作用而变质,它们均应密封储存。特别是取用后,注意将瓶塞塞紧,放置于干燥处。

3)硫酸亚铁、亚硫酸钠、亚硝酸钠等

硫酸亚铁、亚硫酸钠、亚硝酸钠等具有较强的还原性,易被空气中的氧气等氧化而变质。要密封保存,并尽可能减少与空气的接触。

4)过氧化氢、硝酸银、碘化钾、浓硝酸、亚铁盐、三氯甲烷(氯仿)、苯酚、苯胺等

过氧化氢、硝酸银、碘化钾、浓硝酸、亚铁盐、三氯甲烷(氯仿)、苯酚、苯胺等受光照后会变质,有的还会放出有毒物质。它们均应按其状态保存在不同的棕色试剂瓶中,且避免光线直射。

第五节 实验数据的记录和处理

一、实验数据的记录

学生要有专门的实验报告本,标上页数,不得撕去任何一页。绝不允许将数据记在单页纸上、小纸片上,或随意记在其他地方。实验数据应按要求记在实验记录本或实验报告本上。

实验过程中的各种测量数据及有关现象应及时、准确并且清楚地记录下来,记录实验数据时,要有严谨的科学态度,要实事求是,切忌夹杂主观因素,决不能随意拼凑和伪造数据。实验过程中涉及到的各种特殊仪器的型号和标准溶液浓度等也应及时准确地记录下来。

记录实验数据时,应注意有效数字的位数。用分析天平称量时,要求记录至 0.000 1g;滴定管及移液管的读数应记录至 0.01mL;用分光光度计测量溶液的吸光度时,如果吸光度在 0.6 以下,应记录至 0.001 的读数,如果吸光度在 0.6 以上,则要求记录至 0.01 的读数。

实验中的每一个数据都是测量结果,所以,重复测量时,即使数据完全相同,也应记录下来。在实验过程中,如果发现数据算错、测错或读错而需要改动时,可将数据用一横线划去,并在它的上方写上正确的数字。

二、实验数据的处理

1. 数据的整理

做完实验后,应该将获得的大量数据尽可能整齐地、有规律地用 Excel 列表表达出来,以便处理运算。列表时应注意以下几点:

(1)每一个表都应有简明完备的名称。
(2)在表的每一行或每一列的第一栏,要详细地写出名称、单位等。
(3)在每一行中数字排列要整齐,位数和小数点要对齐,有效数字的位数要合理。
(4)原始数据可以与处理后的数据在一张表上,在表下注明处理方法和选用的公式。

2. 数据的取舍

为了衡量分析结果的精密度,一般对多次平行测定的一组结果 $X_1, X_2, \cdots, X_n$,计算出算术平均值后,应再用单次测定偏差($d_i = X_i - \overline{X}$)、平均偏差($\overline{d} = \dfrac{\sum_{i=1}^{n}|d_i|}{n}$)、相对平均偏差($d = \dfrac{\overline{d}}{\overline{X}}$)、单次测定结果的相对偏差($\dfrac{X_i - \overline{X}}{\overline{X}}$)表示结果的精密度,如果测定次数较多,可用标准偏差($s = \sqrt{\dfrac{\sum(X_i - \overline{X})^2}{n-1}}$)和相对标准偏差($\dfrac{s}{\overline{X}} \times 1000‰$)等表示结果的精密度。若某一数值偏差较大时,可以舍弃。

3. 有效数字的保留

科学实验要得到准确的结果,不仅要求正确地选用实验方法和实验仪器测定各种量的数值,而且要求正确地记录和运算。实验所获得的数值,不仅表示某个量的大小,还应反映测量这个量的准确程度。因此,实验中各种量应采用几位数字,运算结果应保留几位数字都是很严格的,不能随意增减和书写。实验数值表示得正确与否,直接关系到实验的最终结果以及它们是否合理。

1)有效数字及其位数

有效数字是指分析测定中实际能测量到的数字,包括所有准确数字和最后一位估计的不准确数字。例如 0.237 4g 和 12.35mL 的最后一位数字就是估计的不准确数字。在有效数字里,"零"常常起到定位作用和作为有效数字。比如:

(1)"零"在具体数字前,只起定位作用,不作有效数字。
例如:0.337 8g、0.032 6g。
(2)"零"在具体数字中间或后面,都作有效数字。

例如:1.205 7g、1.332 00g。

(3)以"零"结尾的正整数,它的有效数字不确定。

例如:1200(2、3 或 4 位)。

2)有效数字的修约规则

一次修约到底,四舍六入五成双。即:

(1)"四舍":当尾数≤4 时,舍去尾数。

例如:12.354→12.35(保留 4 位)。

(2)"六入":当尾数≥6 时,向左进一位。

例如:3.6787→3.679(保留 4 位)。

(3)"五成双":当尾数等于 5 时,5 后有具体数就进 1。5 后没有数时看 5 前面的数是奇数还是偶数,若 5 前面是奇数,则进位,若 5 前面是偶数,则将 5 舍去。总之,应保留偶数。

例如:将下列数修约为两位有效数字。

| 0.205→0.20 | 0.315→0.32 | 0.325→0.32 |
| 3.148→3.1 | 7.3976→7.4 | 74.51→75 |

例如:将 11.456 5 修约为两位有效数字,应一次修约为 11,而不能进行多次修约,把 11.456 5→11.456(一次修约)→11.46(二次修约)→11.5(三次修约)→12(四次修约),得出错误的结果。

3)有效数字的运算法则

(1)加减法运算法则:几个有效数字相加或相减,它们的和或差的有效数字位数以小数点后位数最少的数字为准。

例如:$23.36+5.120+3.058\ 43=23.36+5.12+3.06=31.54$;

$21.25-3.206=21.25-3.21=18.04$。

(2)乘除法运算法则:几个有效数字相乘或相除,它们的积或商的有效数字位数以有效数字位数最少的数字为准。

例如:$5.42\times 0.12\times 2.168\ 1=5.4\times 0.12\times 2.2=1.4$;

$4.05\div 0.2501=4.05\div 0.250=16.2$。

(3)在对数运算中,所取对数的小数位数应与真数的有效数字位数相同,对数的整数部分只起定位作用,不是有效数字。

例如:$\lg 143.7=2.157\ 5$。

(4)乘方、开方运算,结果的有效数字位数应与运算的有效数字位数相同。

例如:$121^2=146\times 10^2=1.46\times 10^4$。

(5)常数 e 等的数值及乘除因数($\sqrt[n]{2}$)等有效数字的位数是无限的,计算根据需要而定。

4. 数据的分析

获得实验数据并进行整理后,可以根据实际实验需求,采用各种统计学分析方法和数据分析软件进行分析和作图。

5. 误差传递

在统计学上，由于变量含有误差，而使函数也含有误差，称为误差传播。阐述这种关系的定律称为误差传播定律。

设间接测得量 $Z=f(x_1,x_2,\cdots,x_n)$，式中均为彼此相互独立的直接测得量，每一直接测得量为等精度多次测量，且只含随机误差。N 为不便于直接观测的未知量。已知 $x_1,x_2,\cdots,x_n$ 的标准差分别为 $S_1,S_2,\cdots,S_n$，现在要求 N 的标准差 S_z。由数学分析可知，变量的误差与函数的误差之间的关系可以近似地用函数的全微分来表达，为此对上式求全微分，可得误差传播定律的一般形式。

标准偏差传递公式：

$$S_z = \sqrt{\left(\frac{\partial f}{\partial x_1}\right)^2 S_1^2 + \left(\frac{\partial f}{\partial x_2}\right)^2 S_2^2 + \cdots + \left(\frac{\partial f}{\partial x_n}\right)^2 S_n^2} \tag{1-1}$$

例：已知 $z=a+b-\frac{1}{3}c$，其中 $a=\bar{a}\pm S_a$，$b=\bar{b}\pm S_b$，$c=\bar{c}\pm S_c$，求 z 的平均值和标准偏差传递公式。

解：$\bar{z}=\bar{a}+\bar{b}-\frac{1}{3}\bar{c}$；

$\frac{\partial z}{\partial a}=1$，$\frac{\partial z}{\partial b}=1$，$\frac{\partial z}{\partial c}=-\frac{1}{3}$，

$$S_z = \sqrt{\left(\frac{\partial z}{\partial a}S_a\right)^2 + \left(\frac{\partial z}{\partial b}S_b\right)^2 + \left(\frac{\partial z}{\partial c}S_c\right)^2} = \sqrt{S_a^2 + S_b^2 + \frac{1}{9}S_c^2}$$

第二章　无机地球化学样品野外采集与保存

第一节　大气样品的采集和保存

一、大气干湿沉降及采样器

大气沉降是大气颗粒物从大气中去除的主要途径和过程,可以分为干沉降和湿沉降两类过程。大气干沉降是指在无降水的条件下大气中所发生的所有物理沉降过程,如重力沉降、湍流扩散、布朗扩散以及碰撞过程等;大气湿沉降是气溶胶及其所携带的化学物质借助于雨、雪等降水形式的冲刷沉降至地表和水体的过程。

对于干湿沉降样品的采集,传统的方法是将器皿放于室外,接自然中的雨、雪、灰尘等,间隔一段时间(半年或1年)收集的液体和固体等物质。现在多采用各种流量的主动式采样器或各种形式的被动采样装置进行样品的采集。

1. 主动式采样器

主动式采样器通过降水感应器自动感应降水事件,在降水开始时自动打开集水器盖板,开始收集降水,当降水结束后集水器的挡板自动关闭,以防止干沉降对降水化学性质及物质含量的影响;同时降尘缸打开,开始收集降尘(图2-1)。主动采样器一般采用模压聚乙烯材质集水器,降水采集系统每日早上自动切换阀门,降水结束后人工收取降水样品。主动式采样仪器一般配备自动雨量计,可以打印输出(面板亦可查看)降水起止时间、降水量信息等。

主视图　　　　　　　　　　　　侧视图

图2-1　大气干湿沉降自动采样器

2. 被动采样器

被动采样器一般选用直径为20cm的不锈钢材质集雨器。集雨器始终暴露在空气当中，降水事件发生时被动采集降水，降水收集在塑料材质的采样桶中。与主动采样法相同，人工采集降水样品。

使用各种流量的主动式采样器或各种形式的被动采样装置选取采样点时，应遵循以下原则：

(1)需按照不同功能区布置大气沉降采集位置，空间上要求样点能覆盖整个研究区，均匀布点，要注意的是，在大气污染较严重城市的下风郊区，样点加密布置。

(2)放置采样装置时，位置要选在开阔平台上，主要避开烟囱、交通道路等点、线污染源的局部污染，采样口应距平台1~1.5m。

(3)采样点四周(25m×25m)应无高大树木和建筑遮挡。

二、大气沉降样品收集方式

使用被动及主动采样器收集样品时，湿沉降样品直接在集雨器中收集，而干沉降样品通常有两种收集方法，分别是湿法收集和干法收集。

1. 湿法收集

采用《环境空气降尘的测定重量法》(GB/T 15265—94)标准，根据当地历年蒸发量在干沉降缸内放置一定高度的超纯水，保证在实验过程中收集桶内始终有适量体积的溶液覆盖底部，防止颗粒物二次起尘。可以根据当地气候条件，如北方冬季寒冷，冬季可以在桶内加入适量的无水乙醇以防冰冻，夏季天气炎热，视测试要求加入适量的硫酸铜溶液以防微生物滋生。它的优点是可以有效地避免已收集的颗粒物再次起尘，在低温条件下也可防止冰冻，同时在夏季亦可抑制微生物滋生，缺点是计算沉降量时应注意扣除所加液体的量。该方法采集的降尘量接近自然界真实降尘量，是常用和首选的方法。

2. 干法收集

直接对降尘缸中的颗粒物进行采集，该采样方法的优点是采样过程比较简单，缺点是无法避免已经进入容器的降尘"二次起尘"，并从容器中逸散，严重低估降尘量。适合极端干燥、蒸发量大的地区使用。前人研究表明，干法收集效率为湿法的75%左右。

三、大气干湿沉降样品的采集和处理

干沉降样品采样和保存方法一般参考《环境监测分析方法》(GB/T 15265—94)中降尘的采集方法，采用干法或者湿法收集样品。采样桶在第一次使用前，均使用10%HCl溶液浸泡24h，然后分别用去离子水和超纯水清洗干净，自然晾干后放置到采样点。采样桶每次使用后，用去离子水冲洗干净，然后加盖放置到采样点。监测结束后，干沉降固体颗粒物首先用毛刷扫到纸袋，用镊子挑出石子、树枝和虫子等杂物，然后用去离子水冲洗附着在收集桶内壁上的降尘于乙烯塑料瓶中,接着用 0.45μm 水系微孔滤膜过滤,滤出物连同扫出的颗粒物分别放入烘箱,于 60℃烘干,放入纸袋,外套聚乙烯塑料袋,于冰箱 4℃冷藏保存。

湿沉降样品采集与样品保存方法参考《大气降水样品的采集与保存》(GB 13580.2—92)。采样桶在第一次使用前,均用 10% HCl 溶液浸泡 24h,经去离子冲洗,超纯水润洗并晾干后放置到采样点。于每次降雨或者降雪后收集,视降雨降雪情况采集 2~5 组湿沉降样品。取每次降水的全过程为一次降雨样品(降水开始至结束)。若一天中有几次降水过程,可合并为一个样品进行采集;若遇连续几天降雨,可收集上午 8:00 至次日上午 8:00 的降水,即 24h 降水样品作为一个样品;如果一次降雨收集的样品量不能达到测试所需的量(100mL),就将前后收集的几次降雨样品混合成一个样品。样品送回实验室后,用不锈钢镊子将落入缸内的树叶、昆虫等异物取出,尽快用 0.45μm 的滤膜过滤,除去降水样品中的颗粒物,将滤液装入干燥清洁的聚乙烯塑料瓶,放入冰箱 4℃冷藏保存,并尽快分析测试。滤出的颗粒物作为当月的干沉降样品,按照干沉降样品处理并保存。

第二节　水样的采集和保存

水样采集的方法、次数、深度、时间等都由采样分析的目的来决定。水样的体积取决于分析项目、所需精度及水的矿化度等,通常应超过各项测定所需水试样的 20%。盛水样的容器应选用无色硬质玻璃瓶或聚乙烯塑料瓶。取样前至少用水样洗涤瓶及塞子 3 次,取样时应缓缓注入瓶中,不要起泡,不要用力搅动水源,并注意勿使砂石、浮土颗粒或植物杂质进入瓶中。采取水样时,不能把瓶子完全装满,应至少留有 2cm 高(或 10~20mL)的空间,以防水温或气温改变时将瓶塞挤掉。取完水样后塞好瓶塞(保证不漏水),并用石蜡或火漆封瓶口。如欲采集平行分析水样,则必须在同样条件下同时取样。采集高温泉水样时,在瓶塞上插一根内径极细的玻璃管,待水样冷却至室温后拔出玻璃管,再密封瓶口。

1. 洁净水的采集

(1)采集自来水或具有抽水设备的井水时,应先将水静置 10~15min,将积留在水管中的杂质冲洗掉,然后再取样。

(2)没有抽水设备的井水,应该先将提水桶冲洗干净,然后再取出井水装入取样瓶或直接用水样采集瓶采集。

(3)采集河、湖表面的水样时,应该将取样瓶浸入水面下 20~50cm 处,再将水样装入瓶中。如遇水面较宽时应该在不同的地方分别采样,这样才具有代表性。

(4)采集河、湖较深处的水样时,应当用水样采集瓶。最简单的方法是用一根杆子,上面用夹子固定一个取样瓶或是用一根绳子系着一个取样瓶,将已洗净的金属块或砖石紧系于瓶底,另用一根绳子系在瓶塞上,将取样瓶沉降到预定的深度时,再拉动绳子打开瓶塞取样。

2. 生活污水的采集

生活污水的成分复杂,变化很大,为使水样具有代表性,必须分多次采集后加以混合。一般是每小时采集一次(收集水样的体积可根据流量取适当的比例),将24h内收集的水样混合,即为代表性样品。

3. 工业废水的采集

由于工业工艺过程的特殊性,工业废水成分往往在几分钟内就有变化。所以,工业废水的采集比生活污水的采集更为复杂。采样的方法、次数、时间等都应根据分析目的和具体条件而定。共同的原则是所采集的水样有足够的代表性。如废水的水质不稳定,应每隔数分钟取样1次,然后将整个生产过程所取的水样混合均匀。如果水质比较稳定,则可每隔1~2h取样1次,然后混合均匀。如果废水是间歇性排放,则应适应这种特点而取样。水样采集时还应考虑到取水量问题,每次的取水量应根据废水量的比例增减。

4. 水样的保存

采样和分析的间隔时间越短,分析结果越可靠。对某些成分和物理数据的测定应在现场即时进行,否则在送样到实验室期间或在存放过程中可能发生改变。采集与分析之间允许的间隔时间取决于水样的性质和保存条件,而无明确的规定。供物理化学检验用水样的允许存放时间:洁净的水为72h,轻度污染的水为48h,严重污染的水为12h。

采集与分析相隔的时间应注明于实验报告中。对于确实不能立刻分析的水样,可以加入保存剂或者放于$-4℃$环境中加以保存。

第三节 沉积物/土壤样品的采集和制备

一、沉积物样品的采集和制备

1. 沉积物样品的采集

水中底泥/沉积物样品的采集方法主要有两种:一种是直接挖掘的办法,这种方法适用于大量样品的采集,或者是一般需求样品的采集。在无法采到很深的河、海、湖底泥的情况下,亦可采用沿岸边直接挖掘的方法。但是采集的样品极易相互混淆,当挖掘机打开时,一些不黏的泥土组分容易流走,这时可以采用自制的工具采集。另一种是用类似岩心提取器的采集装置,适用于采样量较大而不相互混淆的样品,用这种装置采集的样品,同时也可以反映沉积物不同深度层的情况。使用金属采样装置,需要内衬塑料内套以防止金属沾污。当沉积物不是非常坚硬难以挖掘时,有机玻璃材料可用来制作提取装置。这种装置外形是圆筒状的,高约50cm,直径约5cm,底部略微倾斜,以便在水底易于用手将其插进泥土或使用锤子将其敲进泥土内。取样时底部用聚乙烯盖子封住。深水采样需要能在船上操作的机动提取装置,倒出来的沉积物可以分层装入聚乙烯瓶中储存。在某些元素的形态分析中,样品的分装最好在充有惰性气体的胶布套箱里完成,以避免一些组分氧化或引起形态分布的变化。

2. 底泥和沉积物样品的制备和保存

形态分析用的沉积物要求放置于有惰性气体保护的胶皮套箱中以避免氧化。岩心提取器采集的沉积物样品可以利用气体压力倒出,分层放于聚乙烯容器中。由于沉积物的颗粒通常大小不一,因而一般先进行初步的物理分离,以分出岩石的碎片等大块物质。一般选择 $20\mu m$ 的颗粒,认为小于 $20\mu m$ 的组分可以较好地代表微量元素的分布。而粗的淤泥颗粒($20\sim63\mu m$)和沙子(大于 $63\mu m$)则不包括在内。可以过滤样品,但应使用聚乙烯或尼龙材料,避免使用金属材料。

湿法过筛的优点是不易凝聚结块。将样品在 110℃ 下干燥后过筛容易损失一些挥发性组分,如汞等。风干会影响铁的形态分析结果,也影响 pH 值和离子交换能力。因而,形态分析最好使用混合均匀的没有干燥的沉积物或土壤样品。

干燥的沉积物样品可以储存在塑料或玻璃容器里,各种形态和金属元素含量不会发生变化。湿的样品需要冷冻储存。

二、土壤样品的采集和制备

1. 土壤样品的采集

1)混合土样的采集

混合样品由很多点样品混合组成。它实际上相当于一个平均数,借以减少土壤差异。从理论上讲,每个混合样品的采样点愈多,即每个样品所包含的个体数愈多,则该混合样品的代表性就愈大。由于土壤的不均一性,使各个体都存在一定程度的差异。因此,采集样品必须按照一定采样路线和"随机"多点混合的原则。每个采样单元的样点数,一般人为地定为 $5\sim10$ 点或 $10\sim20$ 点,应视土壤差异和面积大小而定,但不宜少于 5 点。混合土样一般采集耕层土壤($0\sim15cm$ 或 $0\sim20cm$)。注意:每一点采集的土样厚度、深浅、宽窄应大体一致;一般按"S"形线路采样;采样地点应避免田边、路边、沟边和特殊地形的部位以及堆过肥料的地方;一个混合样品是由均匀一致的许多点组成的,各点的差异不能太大,不然就要根据土壤差异情况分别采集几个混合土样,使分析结果更能说明问题;一个混合样品质量 1kg 左右,如果质量超出很多,可以把各点采集的土壤放在一个木盆里或塑料布上用手捏碎摊平,用四分法对角取两份混合放在布袋或塑料袋里,其余可丢弃;附上标签,用铅笔注明采样地点、采土深度、采样日期、采样人,标签一式两份,一份放在袋里,一份贴在袋上。与此同时要做好采样记录。

2)剖面土样的采集

剖面土样的采集方法一般可在主要剖面观察和记载后进行。土壤剖面按层次采样时,必须自下而上(这与剖面划分、观察和记载恰恰相反)分层采取,以免采取上层样品时对下层土壤的混杂污染。为了使样品能明显地反映各层次的特点,通常是在各层最典型的中部采取(表土层较薄,可自地面向下全层采样),这样可克服层次间的过渡现象,从而增加样品的典型性或代表性。样品质量为 1kg 左右,其他要求与混合样品相同。

测定土壤微量元素的土样采集,采样工具要用不锈钢土钻、土刀、塑料袋或布袋等,忌用报纸包土样,小心污染。

2. 土壤样品的制备

(1)风干:将采回的土样放在木盘中或塑料布上,摊成0.5cm厚的一层,置于室内通风阴干。在土样半干时,须将大土块粉碎(尤其是黏性土壤),以免完全干后结成硬块,难以研磨。风干场所力求干燥通风,并要防止酸蒸气、氨气和灰尘的污染。样品风干后,拣去动植物残体如根、茎、叶、虫体等和石块、结核(石灰、铁、锰)。如果石子过多,应当将拣出的石子称重,记下所占的百分比。

(2)研磨:将风干后的土样倒入硅质底的木盘上,用木棍研细,使之全部通过2mm孔径的筛子。充分混匀后用四分法分成两份:一份作为物理分析用,另一份作为化学分析用。作为化学分析用的土样还必须进一步研细,使之全部通过1mm或0.5mm孔径的筛子。

(3)保存:一般样品用磨口塞的广口瓶或塑料瓶保存半年至一年,以备必要时查核之用。样品瓶上的标签须注明样号、采样地点、土类名称、试验区号、深度、采样日期、筛孔等项目。

第三章 无机地球化学分析实验

第一节 大气环境无机地球化学分析

一、大气氮沉降分析

(一)实验目的和意义

工业革命以来,工农业活动和化石燃料需求的增加导致大气环境中活性氮排放量急剧增加,全球的氮素沉降通量亦呈现逐年增加的趋势,而这部分氮素多以沉降的形式返回陆地或水域,进而影响陆地及水生生态系统的初级生产力、生态系统生物多样性和结构的稳定性等;另外,大气氮沉降也是河流和海湾等水体氮营养元素输入的重要途径之一,进而可能导致地表水体富营养化等问题的发生。本实验的主要目的是掌握大气氮干湿沉降的分析方法。

(二)实验仪器和试剂

1. 实验仪器

雨量器、降水降尘自动采样仪、集尘缸、0.45μm 滤膜、烘箱、紫外分光光度计、氨氮蒸馏装置:由500mL凯式烧瓶、氮球、直形冷凝管和导管组成,冷凝管末端可连接一段适当长度的滴管,使出口尖端浸入吸收液液面下;医用手提式蒸汽灭菌器或家用压力锅(压力为1.1~1.4kg/cm^2),锅内温度相当于120℃~124℃。

2. 实验试剂

1)分析纯HCl、去离子水。
2)湿沉降总氮测定
(1)氢氧化钠溶液,20g/L。
(2)碱性过硫酸钾溶液:称取40g过硫酸钾($K_2S_2O_8$),另称取15g氢氧化钠(NaOH),溶于水中,稀释至1000mL,溶液存放在聚乙烯瓶内,最长可储存1周。
(3)盐酸溶液,盐酸与水体积比为1:9。
(4)硝酸钾标准溶液。
(5)硝酸钾标准储备液,CN=100mg/L:硝酸钾(KNO_3)在105℃~110℃烘箱中干燥3h,

在干燥器中冷却后,称取0.721 8g,溶于水中,移至1000mL容量瓶中,用水4∶1稀释至标线在0℃~10℃暗处保存,或加入1~2mL三氯甲烷保存,可稳定6个月。

(6)硝酸钾标准使用液,$CN=10mg/L$:将储备液用水稀释10倍而得,使用时配制。

3)干沉降样品中总氮的测定

(1)混合催化剂:称取硫酸钾100g、五水硫酸铜10g、硒粉1g,均匀混合后研细,储于瓶中。

(2)相对密度1.84的浓硫酸。

(3)40%氢氧化钠。

(4)2%硼酸溶液:称20g硼酸溶于1000mL水中,再加入2.5mL混合指示剂。按体积比100∶0.25加入混合指示剂。

(5)混合指示剂:称取溴甲酚绿0.5g和甲基红0.1g,溶解在100mL 95%的乙醇中,用稀氢氧化钠或盐酸调节使之呈淡紫色,此溶液pH值应为4.5。

(6)0.01N的盐酸标准溶液:取相对密度1.19的浓盐酸0.84mL,用蒸馏水稀释至1000mL,用基准物质标定之。

(三)实验步骤

1. 干湿样品采集

(1)将各采样桶及采样瓶用10%(体积分数)分析纯HCl溶液和去离子水清洗。

(2)将可自动分离干湿沉降的自动采样器置于楼顶采集干湿沉降样品,距离地面大于5m,地面扬尘和局部环境影响小。干沉降于每月月底收集1次,湿沉降于每次降雨后收集,如果收集量少于100mL,则把临近几次降雨样品合并为1次湿沉降样品。

(3)干沉降固体颗粒物用毛刷扫入纸袋,用镊子挑出石子、树枝和虫子等杂物,然后用去离子水冲洗附着在收集桶内壁上的降尘于聚乙烯塑料瓶中,过0.45μm水系微孔滤膜,滤出物连同扫出的颗粒物分别放入烘箱,于60℃烘干,放入纸袋,外套聚乙烯塑料袋。

(4)湿沉降样品倒入经预处理的聚乙烯塑料瓶,放入4℃冰箱冷藏保存。

2. 样品分析

1)氮湿沉降分析

湿沉降样品采集后分为两份,一份经0.45μm水系微孔滤膜过滤后测定硝酸盐氮和氨氮,硝酸盐氮测定参考《水质—硝酸盐氮的测定—紫外分光光度法(试行)》(HJ/T 346—2007),氨氮测定参考《水质—氨氮的测定—纳氏试剂分光光度法》(HJ 535—2009);另一份未经过滤的湿沉降样品用来测定总氮,参考《水质—总氮的测定—碱性过硫酸钾消解紫外分光光度法》(HJ 636—2012)。

2)氮干沉降分析

干沉降样品中硝酸盐氮和氨氮的测定参考《土壤氨氮、亚硝酸盐氮、硝酸盐氮的测定氯化钾溶液提取-分光光度法》(HJ 634—2012),总氮的测定参考《土壤质量全氮的测定凯氏法》(JH 717—2014)。测定氨氮、硝酸盐氮和总氮所用仪器均为紫外可见分光光度计。

3)氮干湿沉降通量计算

降雨量采用样品体积与收集桶上底面积之比计算;降尘量采用重量法计算。

不考虑收集桶内二次起尘和液体可能发生的物理、化学和生物过程,分别采用式(3-1)~式(3-3)计算大气氮干沉降、湿沉降及总沉降的月通量。

$$S_d = \frac{C \times M}{f \times A} \tag{3-1}$$

$$S_w = \frac{\sum_{i=1}^{n} r_i c_i}{A} \tag{3-2}$$

$$S_t = S_d + S_w \tag{3-3}$$

式中,S_d、S_w和S_t——为氮的月干沉降、月湿沉降和月总沉降通量,kg/km²;

C——每个干沉降样品的总氮质量浓度,g/kg;

M——每次收集的干沉降样品质量,g;

f——干沉降采样时间折算系数,即每月实际采样天数与30之比;

A——沉降面积,m²,干沉降采用2/3桶高处面积,湿沉降采用桶顶面积;

r_i——当月第i次采集的降雨量,L;

c_i——当月第i次降雨样品的总氮质量浓度,mg/L。

二、大气颗粒物 PM_{10} 和 $PM_{2.5}$ 中水溶性离子及元素分析

1. 实验目的

大气颗粒物是包含多种化学成分的复杂整体,大量研究表明,大气颗粒物会对人体健康产生许多不良影响。大气颗粒物确切的化学组成目前尚不清楚,了解大气颗粒物所吸附的化学物质的构成及其含量对于分析其可能对人体健康造成的危害有着十分重要的意义。按照空气动力学直径D大小,可将大气颗粒物分为:①总悬浮颗粒物(TSP);$D \leqslant 100 \mu m$;②可吸入颗粒物(PM_{10});$D \leqslant 10 \mu m$。③细颗粒物($PM_{2.5}$);$D \leqslant 2.5 \mu m$。本实验主要目的是掌握大气颗粒物PM_{10}和$PM_{2.5}$中水溶性离子及元素分析方法。

2. 实验仪器和试剂

1)实验仪器

大气颗粒物$PM_{2.5}$细粒子采样器,气体流量为76.68L/min;大气颗粒物PM_{10}采样器,气体流量为100L/min;称重天平(十万分之一);超声波清洗器;电感耦合等离子体质谱仪;电感耦合等离子体发射光谱仪;烘箱;离心机。

2)实验试剂及耗材

玻璃纤维滤膜、超纯水、0.22μm和0.45μm微孔滤膜、HNO_3(优级纯)。

3. 实验步骤

1)大气颗粒物PM_{10}和$PM_{2.5}$样品采集

(1)采集样品前,先用洁净棉花棒蘸取酒精清洗采样器切割头,然后使用已称量、无破损、

无褶皱的玻璃纤维滤膜进行采样。

(2)采样时,用洁净的镊子把毛面朝下、光面朝上的滤膜放置在清洗后的滤网上。

(3)采样停止后,打开采样器顶盖,用洁净镊子夹住滤膜的边缘,缓慢取下采样后的滤膜,取滤膜的时候动作一定要轻柔缓慢,防止颗粒物掉落有所损失,将样品放进干净的样品自封袋中,在自封袋表面粘贴样品标签,记录样品编号、采样时间及种类,并且放在干燥器中保存。

2)大气颗粒物PM_{10}和$PM_{2.5}$水溶性离子(NH_4^+、K^+、Na^+、Ca^{2+}、Mg^{2+}、F^-、Cl^-、NO_3^-、SO_4^{2-})分析

(1)用不锈钢剪刀剪下1/2左右的滤膜,称重后将其剪碎放入50mL的塑料离心管中。

(2)使用移液管向离心管中精确地加入30mL超纯水,将离心管放入超声波清洗器,连续超声2h。

(3)超声后把离心管拧紧盖放入离心机中以3000r/min的速率离心3min。

(4)浸提液用一次性针头注射器吸取后经0.45μm微孔滤膜过滤,滤液用聚乙烯瓶收集并放在4℃冰箱中待测。

(5)采用(ICP-OES)对大气$PM_{2.5}$和PM_{10}样品中4种阳离子(K^+、Ca^{2+}、Na^+、Mg^{2+})的含量进行测定。利用离子色谱仪(IC)测定大气$PM_{2.5}$和PM_{10}样品中4种水溶性阴离子(SO_4^{2-}、Cl^-、NO_3^-、F^-)的含量。

3)大气颗粒物PM_{10}和$PM_{2.5}$元素分析

(1)酸提:于50℃用5%HNO_3将已采集样品的滤膜超声提取15min,充分振荡后,于50℃再次超声提取30min,3000r/min离心10min,取上清液,用电感耦合等离子体质谱仪和电感耦合等离子体发射光谱仪测定PM_{10}和$PM_{2.5}$中Ca、Mg、Al、As、Zn、Pb、Cu、V、Mn、Co、Fe、Se、Mo、Ni、Cr和Cd的浓度。

(2)水提:将已采集样品的滤膜剪成条状碎片,用10mL纯水超声提取30min,2500r/min离心10min,取上清液,分别用0.45μm和0.22μm滤膜过滤,用电感耦合等离子体质谱仪和电感耦合等离子体发射光谱仪测定其中Zn、Pb、Cu、V、Mn、Co、Fe、Ni、Cr和Cd的浓度。

4. 计算

1)大气颗粒物质量浓度

$$C = \frac{(w_a - w_b)}{V} \times 10^6 \tag{3-4}$$

式中,C——颗粒物质量浓度,μg/m³;

w_a——滤膜采样后质量,g;

w_b——滤膜采样后质量,g;

V——标况体积,m³。

2)水溶性离子与元素的质量浓度

$$C_x = \frac{(C - C_0) \times V_t}{V_r} \times \frac{S_t}{S_a} \tag{3-5}$$

式中,C——大气中该组分浓度,μg/m³;

C_0——空白溶液中该组分浓度,mg/L;

C_x——样品溶液中该组分浓度,mg/L;

V_t——样品溶液总体积,mL;

V_r——标准状态下的采样体积,m^3;

S_t——样品滤膜的有效总面积,cm^2;

S_a——测定时取的样品膜面积,cm^2。

5. 注意事项

(1)采样前后需将滤膜放置在温度和湿度恒定的干燥器中,直至滤膜达到恒重。

(2)取样后,仔细检查滤膜是否有破损,如有破损,则重新采集滤膜样品。

(3)每个样品的采样时间不少于2~3h。

第二节 水环境无机地球化学分析

一、水体理化性质分析

(一)水体pH的测定

1. 实验目的

水体pH描述的是水溶液的酸碱性强弱程度,天然水体中pH一般稳定在6~9。水体周围环境中的物理、化学和生物条件会影响酸碱度;同时,水体pH的变化也会改变许多物质的存在状态,进而对环境和动植物的生长造成影响。

2. 实验原理

玻璃电极法测定水样的pH值是以饱和甘汞电极为参比电极,以玻璃电极为指示电极,与被测水样组成工作电池,再用pH计测量工作电动势,由pH计直接读取pH值。玻璃电极法得到的pH值通常被定义为其溶液所测电动势与标准溶液的电动势之差的函数。

玻璃电极法测pH准确、快速,受水体色度、浊度、胶体物质、氧化剂、还原剂及盐度等因素的干扰少。

3. 仪器与试剂

1)仪器

pH电位计或离子浓度计、玻璃电极(2支,其电极响应斜率需有一定差别)、饱和甘汞电极。

2)试剂

邻苯二甲酸氢钾标准pH缓冲溶液(pH=4.008,25℃):称取先在110℃~130℃干燥2~3h的邻苯二甲酸氢钾($KHC_8H_4O_4$)10.12g溶于水,并在容量瓶中稀释至1L。

磷酸氢二钠与磷酸二氢钾标准pH缓冲溶液(pH=6.865,25℃):分别称取先在110℃~

130℃干燥2～3h的磷酸二氢钾(KH_2PO_4)3.388g和磷酸氢二钠(Na_2HPO_4)3.533g,溶于水,并在容量瓶中稀释至1L。

硼砂标准pH缓冲溶液(pH=9.180,25℃):为了使晶体具有一定的组成,应称取与饱和的NaBr(或NaCl加蔗糖)溶液(室温)共同放置在干燥器中平衡两昼夜的硼砂($Na_2B_4O_7 \cdot 10H_2O$)3.80g,用新煮沸并冷却的蒸馏水(不含CO_2)溶解,并在容量瓶中稀释至1L。

4. 操作步骤

1)单标准pH缓冲溶液法测量溶液的pH值

这种方法适合于一般要求,即待测溶液的pH值与标准缓冲溶液的pH值之差小于3个pH单位。

(1)小心地在pH电位计上装好玻璃电极和甘汞电极,注意切勿与杯底、杯壁相碰。

(2)选用仪器"pH"档,将清洗干净、用滤纸吸干的电极浸入欲测标准pH缓冲溶液中,按下"测量"按钮,转动定位调节旋钮,使仪器显示的pH值稳定在该标准缓冲溶液的pH值。

(3)松开"测量"按钮,取出电极,用蒸馏水冲洗几次,小心地用滤纸吸去电极上的水液。

(4)将电极置于预测试液中,按下"测量"按钮,读取稳定pH值,记录。松开"测量"按钮,取出电极,按前文步骤清洗,继续下一个样品溶液的测量。测量完毕,清洗电极,并将玻璃电极浸泡在蒸馏水中。测定样品时,先用蒸馏水认真冲洗电极,再用试样冲洗,然后将电极浸入试样溶液中,按下"测量"按钮,小心摇动或进行搅拌使其均匀,待读数稳定时记下pH值。

(5)样品测定结果后,松开"测量"按钮,取出电极,冲洗净后,将玻璃电极浸泡在蒸馏水中。

2)双标准pH缓冲溶液法测定溶液的pH值

为了获得高精度pH值,通常用两个标准pH缓冲溶液进行定位校正仪器,并且要求未知溶液的pH值尽可能地落在这两个标准pH缓冲溶液的pH值中间。

(1)按单标准pH缓冲溶液法,选择两个标准pH缓冲溶液,用其中一个对仪器定位。

(2)将电极置于另一个标准pH缓冲溶液中,调节斜率旋钮(如果没设斜率旋钮,可使用温度补偿旋钮调节),使仪器显示的pH读数至该标准缓冲溶液的pH值。

(3)松开"测量"按钮,取出电极,用蒸馏水冲洗几次,小心地用滤纸吸去电极上的水液,再放入第一次测量的标准pH缓冲溶液中,按下"测量"按钮,其读数与该试液的pH值相差最多不超过0.05pH单位,表明仪器和玻璃电极的响应特性均良好,往往要反复测量、反复调节几次,才能使测量系统达到最佳状态。

(4)试液的测量,同单标准pH缓冲溶液法测量溶液的pH值。

5. 计算步骤

1)单标准法

$$pH_x = pH_s + \frac{(E_x - E_s)F}{RT\ln 10} \tag{3-6}$$

式中,pH_x和pH_s——分别为待测溶液和标准溶液的pH值;

E_x 和 E_s——分别为其对应的电动势。该式常称为 pH 值的实用定义。

2）双标准法

$$S = \frac{E_{s,2} - E_{s,1}}{\mathrm{pH}_{s,1} - \mathrm{pH}_{s,2}} \tag{3-7}$$

式中，$\mathrm{pH}_{s,1}$、$\mathrm{pH}_{s,2}$——分别为标准 pH 缓冲溶液 1 和溶液 2 的 pH 值；

$E_{s,1}$、$E_{s,2}$——分别为其电动势。

（二）水体溶解氧的测定

1. 实验目的

溶解在水中的分子态氧称为溶解氧。天然水的溶解氧含量取决于水体与大气中氧的平衡。溶解氧的饱和含量和空气中氧的分压、大气压力、水温有密切关系。溶解氧对水体元素的赋存形态、迁移转化有重要的影响。所以系统准确地测定水中溶解氧的含量对研究元素在水环境中的地球化学行为有重要意义。测定水中溶解氧常采用碘量法及其修正法、膜电极法和现场快速溶解氧仪法。本实验主要学习用膜电极法测定水体溶解氧的方法。

2. 实验原理

膜电极法是根据分子氧透过薄膜的扩散速率来测定水中溶解氧。氧敏感薄膜由两个支持电解质相接触的金属电极及选择性薄膜组成。薄膜只能透过氧和其他气体，水和可溶解物质不能透过。透过膜的氧气在电极上还原，产生微弱的扩散电流，在一定温度下其大小与水样溶解氧含量成正比。

电极法的测定下限取决于所用的仪器，一般适用于溶解氧大于 0.1mg/L 的水样。水样有色、含有可和碘反应的有机物时，不宜用碘量法及其修正法测定，可用电极法。但水样中含有氯、二氧化硫、碘、溴的气体或蒸气，可能干扰测定，需要经常更换薄膜或校准电极。

3. 仪器和试剂

溶解氧测定仪：仪器分为原电池式和极谱式（外加电压）两种；温度计：精确至 0.5℃；亚硫酸钠；二价钴盐（$CoCl_2 \cdot 6H_2O$）；气压表；磁力搅拌器；电导率仪。

4. 校准方法

（1）零点校正：将探头浸入每升含 1g 亚硫酸钠和 1mg 钴盐的水中，进行校零。

（2）校准：按仪器说明书要求校准，或取 500mL 蒸馏水，其中一部分虹吸入溶解氧瓶中，用碘量法测其溶解氧含量。将探头放入该蒸馏水中（防止曝气充氧），调节仪器到碘量法测定数值上。当仪器无法校准时，应更换电解质和敏感膜。

5. 操作步骤

（1）将探头浸入样品，不能有空气泡留在膜上，停留足够的时间，待探头温度与水温达到平衡,并且数字显示稳定时读数。必要时,根据所用仪器的型号及对测量结果的要求,检验水温、气压或含盐量,并对测量结果进行校正。

(2)探头的膜接触样品时,样品要保持一定的流速,防止与膜接触的瞬间将该部位样品中的溶解氧耗尽,使读数发生波动。

(3)对于流动样品(例如河水):应检查水样是否有足够的流速(不得小于 0.3m/s),若水流速低于 0.3m/s,需在水样中往复移动探头,或者取分散样品进行测定。

(4)对于分散样品:容器能密封以隔绝空气并带有搅拌器。将样品充满容器至溢出,密闭后进行测量。调整搅拌速度,使读数达到平衡后保持稳定,并不得夹带空气。按仪器说明书装配探头,并加入所需的电解质。使用过的探头,要检查探头膜内是否有气泡或铁锈状物质。必要时,需取下薄膜重新装配。

6. 注意事项

(1)原电池式仪器接触氧气可自发进行反应,因此在不测定时,电极探头要保存在无氧水中并使其短路,以免消耗电极材料,影响测定。对于极谱式仪器的探头,不使用时,应放在潮湿环境中,以防电解质溶液蒸发。

(2)不能用手接触探头薄膜表面。

(3)更换电解质和膜后或膜干燥时,要使膜湿润,待读数稳定后再进行校准。

(4)如水样中含有藻类、硫化物、碳酸盐等物质,长期与膜接触可能使膜堵塞或损坏。

(三)水体悬浮物的测量

1. 实验目的

悬浮物又称不可滤残渣,是指悬浮在水中的无机和有机的颗粒物经过滤剩留在滤膜上于烘箱中烘干恒重后物质的量,减去滤膜本身的量所得的不可滤残渣。水中有悬浮物存在会降低水体的透明度,增加浑浊度。若悬浮物过多,会阻碍溶解氧向水体下部扩散,导致一些水生生物因呼吸受阻而死亡。此外,悬浮物也是无机元素的重要载体,对水体无机元素的迁移具有重要作用。

2. 实验原理

重量法的测定是指不能通过孔径为 $0.45\mu m$ 滤膜的固体物,用 $0.45\mu m$ 滤膜过滤水样,经 103℃~105℃烘干恒重后得到不可滤残渣(悬浮物)含量。

3. 仪器和试剂

孔径 $0.45\mu m$,直径 120mm 的中速定量滤纸,直径 90mm 的瓷蒸发皿,电热鼓风干燥箱,万分之一天平,抽滤瓶,真空泵。

4. 实验步骤

1)滤纸准备

打开电热鼓风干燥箱,把温度调到104℃。将孔径 0.45μm、直径 120mm 的中速定量滤纸折叠成扇形后放入直径 90mm 的瓷蒸发皿中,将瓷蒸发皿依次编号,移入电热鼓风干燥箱内,待温度升到104℃开始计时,烘半小时后取出,放于干燥器内冷却,冷却至室温称其重量。按此操作反复进行恒重,直到两次重量之差完全符合±0.2mg 误差,方可达到方法要求。

2)样品测定

将恒重的折叠成扇形的中速定量滤纸正确地放在漏斗上,滤纸边缘要比漏斗上边缘低 0.5~1cm,并且使滤纸与漏斗贴紧,这样可加速过滤,用蒸馏水将滤纸湿润。准确量取充分混合均匀的水样 100mL 分次通过滤纸过滤(悬浮物过高可酌情少取水样),清洁的水样不需要抽滤,只需自然过滤,悬浮物多的水样用真空泵连接抽滤瓶抽吸过滤。开始抽滤时,应逐渐降低瓶内压力至过滤速度符合要求,过分的抽滤可能带走恒重滤纸的部分重量,使结果产生误差。过滤完水样再用少量蒸馏水冲洗滤渣 2~3 次,以洗去固体表面附着的离子,直至继续滤完为止。停止抽吸时,应缓慢放气,以避免冲坏滤纸。然后慢慢取出载有残渣的滤纸放在原恒重的瓷蒸发皿里,再将此瓷蒸发皿放入电热鼓风干燥箱内,于 104℃下烘干。1h 后取出,放干燥器中冷却。直至冷却到室温,称其重量。反复烘干、冷却、称量,直至两次称量的重量差小于或等于 0.4mg 为止。

5. 计算方法

根据悬浮物含量计算公式计算悬浮物浓度:

$$C(\text{mg/L}) = \frac{(A-B) \times 10^6}{V} \tag{3-8}$$

式中,C——水中悬浮物浓度,mg/L;

A——悬浮物+滤膜+称量瓶重量,g;

B——滤膜+称量瓶重量,g;

V——试样体积,mL。

(四)水体氧化还原电位测定

1. 实验目的

氧化还原电位(ORP)作为介质(土壤、天然水体、培养基等)环境条件的一个综合性指标,已经沿用很久。它反映了水质体系中所有物质表现出来的宏观氧化—还原性,用来表征介质氧化性或还原性的相对强弱。氧化还原电位直接影响环境中无机元素的赋存形态和迁移转化,是研究无机元素环境地球化学的重要指标。

电位测定法作为氧化还原电位的标准方法,即用铂电极作为测量电极、饱和甘汞电极或氯—氯化银电极作为参比电极,与介质组成原电池,用 pH 计测定铂电极相对于饱和甘汞电极或氯－氯化银电极的氧化还原电位。本实验学习掌握铂电极直接测定法。

2. 实验原理

直接电位法为二电极系统(铂电极与饱和甘汞电极参比电极)，将铂电极和参比电极插入水溶液中，金属表面便会产生电子转移反应，电极与溶液之间产生电位差，电极反应达到平衡时相对于氢标准电极的电位差为氧化还原电位。

3. 仪器和试剂

(1)邻苯二甲酸氢钾缓冲溶液(pH＝4.00,25℃条件下)，溶解10.12g邻苯二甲酸氢钾于去离子水中，定容至1000mL。

(2)磷酸盐缓冲溶液(pH＝6.86,25℃条件下)，溶解3.39g磷酸二氢钾和3.55g无水酸氢二钠于去离子水中，定容至1000mL。

(3)硫酸亚铁铵-硫酸高铁铵溶液：溶解39.21g硫酸亚铁铵、48.22g硫酸高铁铵和56.2mL浓硫酸于水中，稀释至1000mL，此溶液在25℃时的氧化还原电位为＋430mV。

(4)醌氢醌($C_{12}H_{10}O_4$)试剂：将100g硫酸高铁铵溶于65℃的300mL水中；将25g对苯二酚溶于100mL水中。然后将铁矾溶液加入搅拌中的对苯二酚溶液中，析出针状结晶。冷却，过滤，用冷水洗涤，晾干，制得醌氢醌试剂；也可通过市场直接购得。

(5)醌氢醌溶液(pH值为4.00的缓冲液)：取适量醌氢醌($C_{12}H_{10}O_4$)试剂加入邻苯二甲酸氢钾缓冲溶液(1)中至饱和状态，保证有少量醌氢醌试剂，25℃时的氧化还原电位为＋263mV。

(6)醌氢醌溶液(pH值为6.86的缓冲液)：取适量醌氢醌($C_{12}H_{10}O_4$)试剂加入磷酸盐缓冲溶液(2)中至饱和状态，保证有少量醌氢醌试剂，25℃时的氧化还原电位为＋86mV。

(7)硝酸溶液：1＋1。

(8)硫酸溶液：3％(V/V)。

4. 实验步骤

1)铂电极的检验和净化

以铂电极为指示电极，连接仪器正极，以饱和甘汞电极为参比电极，连接仪器负极。插入具有固定电位的氧化还原标准液中，其电位值应与标准值相符(即硫酸亚铁铵-硫酸高铁铵标准液在25℃时为＋430mV；pH值为4.00的醌氢醌溶液，25℃时为＋218mV)，若实测结果与标准电位的差超过±5mV，则铂电极需要净化。净化时，可选择下列方法。

(1)用硝酸溶液清洗：将电极置于硝酸溶液中缓缓加热至近沸。保持近沸状态5min后放置冷却，并将铂电极取出用纯水洗净。

(2)将电极浸入硫酸溶液中，饱和甘汞电极与1.5V干电池的阴极相接，电池阳极与铂电极相接，保持5~8min，取出用水洗净。

(3)净化后电极重新用氧化还原标准溶液(3.3/3.4)检验，直至合格为止。用水洗净备用。

2）插入电极等

取洁净的 1000mL 棕色广口瓶 1 个，用橡皮塞塞紧瓶口，其塞钻有 5 孔，分别插入铂电极、甘汞电极、温度计及 2 支玻璃管（1 支玻璃管供进水，1 支供出水用）。

3）测量电位

将现场采集的水样放入塑料桶立即盖紧，桶盖上开 2 小孔，其中一孔插入橡皮管，用虹吸法将水样不断送入测量用的广口瓶中，在水流动的情况下，按仪器使用规则，测量电位。

5. 计算方法

$$E_h = E_0 + E_t \tag{3-9}$$

式中，E_h——相对于氢标准电极的水样氧化还原电位，mV；

E_0——由铂电极-饱和甘汞电极测得的氧化还原电位，mV；

E_t——t℃（测定时的水样温度）时饱和甘汞电极相对于氢标准电极的电位，mV，其值随温度变化而变化，在不同温度下饱和甘汞电极电位见附表 2。

（五）水体阴离子的分析

1. 实验目的

水中 NO_3^-、F^-、Cl^-、SO_4^{2-}、NO_2^-、Br^-、PO_4^{3-}、SO_3^{2-} 等阴离子常规测定方法有重量法、滴定法、电化学法、离子选择性电极法等。常规方法分析不同的离子需要不同方法，并且试剂消化量大，分析过程复杂。离子色谱法因能同时测定多种阴离子并具有简单、快捷、灵敏度和准确性高等优点而被使用。本实验目的是学习利用离子色谱法分析水体阴离子浓度。

2. 实验原理

水质样品中的阴离子，经阴离子色谱柱交换分离，抑制型电导检测器检测，根据保留时间定性，根据峰高或峰面积定量。

3. 仪器及试剂

1）仪器

（1）离子色谱仪：由离子色谱仪、操作软件及所需附件组成的分析系统。①色谱柱：阴离子分离柱（聚二乙烯基苯/乙基乙烯苯/聚乙烯醇基质，具有烷基季铵或烷醇季铵功能团、亲水性、高容量色谱柱）和阴离子保护柱。一次进样可测定本方法规定的 8 种阴离子，峰的分离度不低于 1.5。②阴离子抑制器。③电导检测器。

（2）抽气过滤装置：配有孔径不大于 0.45μm 醋酸纤维或聚乙烯滤膜。

（3）一次性水系微孔滤膜针筒过滤器：孔径 0.45μm。

（4）一次性注射器：1~10mL。

（5）预处理柱：聚苯乙烯-二乙烯基苯为基质的 RP 柱或硅胶为基质键合 C_{18} 柱（去除疏水

性化合物);H型强酸性阳离子交换柱或Na型强酸性阳离子交换柱(去除重金属和过渡金属离子)等类型。

(6)一般实验室常用仪器和设备。

2)试剂

除非另有说明,分析时均使用符合国家标准的分析纯试剂。实验用水为电阻率不小于18MΩ·cm(25℃),并经过0.45μm微孔滤膜过滤的去离子水。

(1)氟化钠(NaF):优级纯。

(2)氯化钠(NaCl):优级纯。溴化钾(KBr):优级纯。

(3)亚硝酸钠($NaNO_2$):优级纯,使用前应置于干燥器中平衡24h。

(4)硝酸钾(KNO_3):优级纯。

(5)磷酸二氢钾(KH_2PO_4):优级纯。

(6)亚硫酸钠(Na_2SO_3):优级纯,使用前应置于干燥器中平衡24h。

(7)甲醛(CH_2O):纯度40%。

(8)无水硫酸钠(Na_2SO_4):优级纯。

(9)碳酸钠(Na_2CO_3)。

(10)碳酸氢钠($NaHCO_3$)。

(11)氢氧化钠(NaOH):优级纯。

(12)氟离子标准储备液:准确称取2.2100g氟化钠溶于适量水中,全量移入1000mL容量瓶,用水稀释定容至标线,混匀。

(13)氯离子标准储备液:称取1.6485g氯化钠溶于适量水中,全量转入1000mL容量瓶,用水稀释定容至标线,混匀。

(14)溴离子标准储备液:准确称取1.4875g溴化钾溶于适量水中,全量转入1000mL容量瓶,用水稀释定容至标线,混匀。

(15)亚硝酸根标准储备液:准确称取1.4997g亚硝酸钠溶于适量水中,全量转入1000mL容量瓶,用水稀释定容至标线,混匀。

(16)硝酸根标准储备液:准确称取1.6304g硝酸钾溶于适量水中,全量转入1000mL容量瓶,用水稀释定容至标线,混匀。

(17)磷酸根标准储备液:准确称取1.4316g磷酸二氢钾溶于适量水中,全量转入1000mL容量瓶,用水稀释定容至标线,混匀。

(18)亚硫酸根标准储备液。准确称取1.5750g亚硫酸钠溶于适量水中,全量转入1000mL容量瓶,加入1mL甲醛进行固定(为防止SO_3^{2-}氧化),用水稀释定容至标线,混匀。

(19)硫酸根标准储备液:准确称取1.4792g无水硫酸钠溶于适量水中,全量转入1000mL容量瓶,用水稀释定容至标线,混匀。

(20)混合标准使用液:分别移取10.0mL氟离子标准储备液、200.0mL氯离子标准储备液、10.0mL溴离子标准储备液、10.0mL亚硝酸根标准储备液、100.0mL硝酸根标准储备液、50.0mL磷酸根标准储备液、50.0mL亚硫酸根标准储备液、200.0mL硫酸根标准储备液于1000mL容量瓶中,用水稀释定容至标线,混匀。配制成含有10mg/L的F^-、200mg/L的

Cl^-、10mg/L 的 Br^-、10mg/L 的 NO_2^-、100mg/L 的 NO_3^-、50mg/L 的 PO_4^{3-}、50mg/L 的 SO_3^{2-} 和 200mg/L 的 SO_4^{2-} 的混合标准使用液。

(21)淋洗液：根据仪器型号及色谱柱说明书使用条件进行配制。以下给出的淋洗液条件供参考。

①碳酸盐淋洗液 I：$c(Na_2CO_3) = 6.0$mmol/L，$c(NaHCO_3) = 5.0$mmol/L。准确称取 1.272 0g 碳酸钠(9)和 0.840 0g 碳酸氢钠(10)，分别溶于适量水中，全量转入 2000mL 容量瓶，用水稀释定容至标线，混匀。②碳酸盐淋洗液 II：$c(Na_2CO_3) = 3.2$mmol/L，$c(NaHCO_3) = 1.0$mmol/L。准确称取 0.678 4g 碳酸钠(9)和 0.168 0g 碳酸氢钠(10)，分别溶于适量水中，全量转入 2000mL 容量瓶，用水稀释定容至标线，混匀。③氢氧根淋洗液(由仪器自动在线生成或手工配制)。氢氧化钾淋洗液：由淋洗液自动电解发生器在线生成。氢氧化钠淋洗液：$c(NaOH) = 100$mmol/L。称取 100.0g 氢氧化钠(11)，加入 100mL 水，搅拌至完全溶解，于聚乙烯瓶中静置 24h，制得氢氧化钠储备液，于 4℃以下冷藏、避光和密封可保存 3 个月。移取 5.20mL 上述氢氧化钠储备液于 1000mL 容量瓶，用水稀释定容至标线，混匀后立即转移至淋洗液瓶中。可加氮气保护，以减缓碱性淋洗液吸收空气中的 CO_2 而失效。

3)分析步骤

(1)离子色谱分析参考条件。

根据仪器使用说明书优化测量条件或参数，可按照实际样品的基体及组成优化淋洗液浓度。

(2)标准曲线的绘制。

分别准确移取 0.00、1.00、2.00、5.00、10.0、20.0mL 混合标准使用液置于一组 100mL 容量瓶中，用水稀释定容至标线，混匀。配制成由 6 个不同浓度组成的混合标准系列，标准系列质量浓度见表 3-1。可根据被测样品的浓度确定合适的标准系列浓度范围。按其浓度由低到高的顺序依次注入离子色谱仪，记录峰面积(或峰高)。以各离子的质量浓度为横坐标、峰面积(或峰高)为纵坐标，绘制标准曲线。

表 3-1 各阴离子样品标准系列质量浓度

离子名称	标准系列质量浓度(mg/L)					
F^-	0.00	0.10	0.20	0.50	1.00	2.00
Cl^-	0.00	2.00	4.00	10.0	20.0	40.0
NO_2^-	0.00	0.10	0.20	0.50	1.00	2.00
Br^-	0.00	0.10	0.20	0.50	1.00	2.00
NO_3^-	0.00	1.00	2.00	5.00	10.0	20.0
PO_4^{3-}	0.00	0.50	1.00	2.50	5.00	10.0
SO_3^{2-}	0.00	0.50	1.00	2.50	5.00	10.0
SO_4^{2-}	0.00	2.00	4.00	10.0	20.0	40.0

4) 计算步骤

样品中无机阴离子（NO_3^-、F^-、Cl^-、SO_4^{2-}、NO_2^-、Br^-、PO_4^{3-}、SO_3^{2-}）的质量浓度（ρ，mg/L）按照公式计算：

$$\rho = \frac{h - h_0 - a}{b} \times f \tag{3-10}$$

式中，ρ 为样品中阴离子的质量浓度，mg/L；h 为试样中阴离子的峰面积（或峰高）；h_0 为实验室空白试样中阴离子的峰面积（或峰高）；a 为回归方程的截距；b 为回归方程的斜率；f 为样品的稀释倍数。

二、水体中的元素分析

（一）水体中氮元素分析

进入水体中的氮有无机氮和有机氮之分。无机氮包括氨态氮（简称氨氮）和硝态氮。氨氮包括游离氨态氮 NH_3-N 和铵盐态氮 NH_4^+-N；硝态氮包括硝酸盐氮 NO_3^--N 和亚硝酸盐氮 NO_2^--N。本实验主要学习水体总氮和氨氮的测定方法。

1. 总氮——碱性过硫酸钾消解紫外分光光度法

1）实验原理

在 120℃～124℃下，碱性过硫酸钾溶液使样品中含氮化合物的氮转化为硝酸盐，采用紫外分光光度法于波长 220nm 和 275nm 处，分别测定吸光度 A_{220} 和 A_{275}，按式（3-11）计算校正吸光度 A，总氮（以 N 计）含量与校正吸光度 A 成正比。

$$A = A_{220} - 2A_{275} \tag{3-11}$$

2）仪器和试剂

（1）紫外分光光度计：具 10mm 石英比色皿。

（2）高压蒸汽灭菌器：最高工作压力不低于 $1.1\sim1.4\text{kg/cm}^2$；最高工作温度不低于 120℃～124℃。

（3）具塞磨口玻璃比色管：25mL。

（4）一般实验室常用仪器和设备。

（5）无氨水：每升水中加入 0.10mL 浓硫酸蒸馏，收集馏出液于具塞玻璃容器中。也可使用新制备的去离子水。

（6）氢氧化钠（NaOH）。

（7）过硫酸钾（$K_2S_2O_8$）。

（8）硝酸钾（KNO_3）：基准试剂或优级纯。在 105℃～110℃下烘干 2h，在干燥器中冷却至室温。

（9）浓盐酸：$\rho(HCl) = 1.19\text{g/mL}$。

（10）浓硫酸：$\rho(H_2SO_4) = 1.84\text{g/mL}$。

(11)盐酸溶液:1+9。

(12)硫酸溶液:1+35。

(13)氢氧化钠溶液:称取20.0g氢氧化钠溶于少量水中,稀释至100mL。

(14)氢氧化钠溶液:量取氢氧化钠溶液10.0mL,用水稀释至100mL。

(15)碱性过硫酸钾溶液:称取40.0g过硫酸钾溶于600mL水中(可置于50℃水浴中加热至全部溶解);另称取15.0g氢氧化钠溶于300mL水中。待氢氧化钠溶液冷却至室温后,混合两种溶液定容至1000mL,存放于聚乙烯瓶中,可保存1周。

(16)硝酸钾标准储备液:称取0.721 8g硝酸钾溶于适量水,移至1000mL容量瓶中,用水稀释至标线,混匀。加入1~2mL三氯甲烷作为保护剂,在0℃~10℃暗处保存,可稳定6个月。

(17)硝酸钾标准使用液:量取10.00mL硝酸钾标准储备液至100mL容量瓶中,用水稀释至标线,混匀,临用现配。

3)实验步骤

(1)样品保存和处理。

将采集好的样品储存在聚乙烯瓶或硬质玻璃瓶中,用浓硫酸调节pH值至1~2,常温下可保存7d。储存在聚乙烯瓶中,-20℃冷冻,可保存1个月。

取适量样品用氢氧化钠溶液或硫酸溶液调节pH值至5~9,待测。

(2)样品测试。

①校准曲线的绘制。分别量取0.00mL、0.20mL、0.50mL、1.00mL、3.00mL和7.00mL硝酸钾标准使用液于25mL具塞磨口玻璃比色管中,其对应的总氮(以N计)含量分别为0.00μg、2.00μg、5.00μg、10.0μg、30.0μg和70.0μg。加水稀释至10.00mL,再加入5.00mL碱性过硫酸钾溶液,塞紧管塞,用纱布和线绳扎紧管塞,以防弹出。将比色管置于高压蒸汽灭菌器中,加热至顶压阀吹气,关阀,继续加热至120℃开始计时,保持温度在120℃~124℃之间30min。自然冷却,开阀放气,移去外盖,取出比色管冷却至室温,按住管塞将比色管中的液体颠倒混匀2~3次。

每个比色管分别加入1.0mL盐酸溶液,用水稀释至25mL标线,盖塞混匀。使用10mm石英比色皿,在紫外分光光度计上,以水作参比,分别于波长220nm和275nm处测定吸光度。零浓度的校正吸光度A_b、其他标准系列的校正吸光度A_s及其差值A_r按公式(3-12~3-14)进行计算。以总氮(以N计)含量(μg)为横坐标、对应的A_r值为纵坐标,绘制校准曲线。

$$A_b = A_{b220} - 2A_{b275} \tag{3-12}$$

$$A_s = A_{s220} - 2A_{s275} \tag{3-13}$$

$$A_r = A_s - A_b \tag{3-14}$$

式中,A_b为零浓度(空白)溶液的校正吸光度;A_{b220}为零浓度(空白)溶液于波长220nm处的吸光度;A_{b275}为零浓度(空白)溶液于波长275nm处的吸光度;A_s为标准溶液的校正吸光度;A_{s220}为标准溶液于波长220nm处的吸光度;A_{s275}为标准溶液于波长275nm处的吸光度;A_r为标准溶液校正吸光度与零浓度(空白)溶液校正吸光度的差。

②测定。量取10.00mL试样于25mL具塞磨口玻璃比色管中,按照步骤①进行测定。

注意:试样中的含氮量超过 70μg 时,可减少取样量并加水稀释至 10.00mL。

4)计算方法

参照式(3-12)~式(3-14)计算试样校正吸光度和空白试验校正吸光度差值 A_r,样品中总氮的质量浓度 ρ(mg/L)按式(3-15)进行计算。

$$\rho = \frac{(A_r - a) \times f}{bV} \tag{3-15}$$

式中,ρ——样品中总氮(以 N 计)的质量浓度,mg/L;

A_r——试样的校正吸光度与空白试验校正吸光度的差值;

a——校准曲线的截距;

b——校准曲线的斜率;

V——试样体积,mL;

f——稀释倍数。

2. 氨氮——纳氏光度计法

1)实验原理

纳氏光度计法是利用碘化钾和碘化汞的碱性溶液与氨反应生成淡红棕色胶态化合物,其色度与氨氮含量成正比,通常可在 410~425nm 范围内测其吸光度,计算其含量。

2)仪器和试剂

(1)带氮球的定氮蒸馏装置:500mL 凯氏烧瓶、定氮球、直形冷凝管。

(2)分光光度计。

(3)pH 计。

(4)无氨水。配制可选用以下任意方法制备:蒸馏法:每升蒸馏水中加 0.1mL 硫酸,在全玻璃蒸馏器中重蒸馏,弃去 50mL 初馏液,接取其余馏出液于具塞磨口的玻璃瓶中,密塞保存;离子交换法:使蒸馏水通过强酸性阳离子交换树脂柱。

(5)1mol/L 的盐酸溶液。

(6)1mol/L 的氢氧化钠溶液。

(7)轻质氧化镁:将氧化镁在 500℃下加热,以除去碳酸盐。

(8)0.05% 溴百里酚蓝指示剂(pH6.0~7.6)。

(9)防沫剂:如石蜡碎片。

(10)吸收剂:A. 硼酸溶液:称取 20g 硼酸溶于水,稀释至 1L。B. 0.01mol/L 硫酸溶液。

(11)酒石酸钾钠溶液:称取 50g 酒石酸钾钠($KNaC_4H_4O_6 \cdot 4H_2O$)溶于 100mL 水中,加热煮沸以除去氨,放冷,定容至 100mL。

(12)铵标准储备溶液:称取 3.819g 经 100℃ 干燥过的氯化氨(NH_4Cl)溶于水中,移入 1000mL 容量瓶中,稀释至标线。此溶液每毫升含 1.00mg 氨氮。

(13)铵标准使用溶液:移取 5.00mL 铵标准储备溶液于 500mL 容量瓶中,用水稀释至标线。此溶液每毫升含 0.01mg 氨氮。

(14)纳氏试剂。可选用下列方法之一制备:①称取 20g 碘化钾溶于约 25mL 水中,边搅拌边分次加入少量的二氯化汞（$HgCl_2$）结晶粉末（约 10g），至出现朱红色不易降解时，改为滴加饱和二氯化汞溶液，并充分搅拌，当出现微量朱红色沉淀不再溶解时，停止滴加氯化汞溶液。另称取 60g 氢氧化钾溶于水，并稀释至 250mL，冷却至室温后，将上述溶液徐徐注入氢氧化钾溶液中，用水稀释至 400mL，混匀。静置过夜，将上清液移入聚乙烯瓶中，密塞保存。②称取 16g 氢氧化钠，溶于 50mL 水中，充分冷却至室温。另称取 7g 碘化钾和碘化汞溶于水，然后将此溶液在搅拌下徐徐注入氢氧化钠溶液中，用水稀释至 100mL，储存于聚乙烯瓶中，密塞保存。

3）实验步骤

（1）水样预处理。①蒸馏装置的预处理：加 250mL 蒸馏水于凯氏烧瓶中，加 0.25g 轻质氧化镁和数粒玻璃珠，加热蒸馏至馏出液不含氨为止，弃去瓶内残液。②分取 250mL 水样（如氨氮含量较高，可分取适量并加水至 250mL，使氨氮含量不超过 2.5mg）。移入凯氏烧瓶中加数滴溴百里酚蓝指示液，用氢氧化钠溶液或盐酸调节至 pH=7 左右（水样溶液变蓝）。加入 0.25g 轻质氧化镁和数粒玻璃珠，立即连接氮球和冷凝管，导管下端插入吸收液液面下。加热蒸馏，至馏出液达 200mL 时，停止蒸馏，定容至 250mL。

（2）标准曲线的绘制。吸取 0.00mL、0.50mL、1.00mL、3.00mL、5.00mL、7.00mL 和 10.00mL 铵标准使用溶液于 50mL 比色管中，加水至标线，加 1.00mL 酒石酸钾钠溶液，混匀。加 1.50mL 纳氏试剂，混匀。放置 10min 后，在波长 420nm 处，用光程 20mm 比色皿，与水作参比测定吸光度。由测得的吸光度，减去零浓度空白管的吸光度后，得到校正吸光度，绘制以氨氮含量（mg）对校正吸光度的标准曲线。

（3）水样的测定。①分取适量经絮凝预处理后的水样（使氨氮含量不超过 0.1mg），加入 50mL 比色管中，稀释至标线，加 0.1mL 酒石酸钾钠溶液。②分取适量经蒸馏预处理后的馏出液，加入 50mL 比色管中，加一定量的 1mol/L 氢氧化钠溶液以中和硼酸，稀释至标线，加 1.5mL 纳氏试剂，混匀。放置 10min 后，同标准曲线步骤测量吸光度。

4）计算

由水样测得的吸光度减去空白试验的吸光度后，从校准曲线上查得氨氮含量。

（1）经絮凝沉淀预处理。

$$氨氮（N,mg/L）=\frac{m}{v}\times 1000 \tag{3-16}$$

式中，m——由校准曲线查得的氨氮量，mg；

v——预处理后比色所取水样体积，mL。

（2）经蒸馏法预处理。

$$氨氮（N,mg/L）=\frac{m}{v}\times\frac{250}{V_水}\times 1000 \tag{3-17}$$

式中，m 为由校准曲线查得的氨氮量，mg；

v 为预处理后比色所取水样体积，mL。

$V_水$ 为欲蒸馏水样体积。

(二)水体中微量元素分析

1. 实验原理

水样经预处理后,采用电感耦合等离子体质谱进行检测,根据元素的质谱图或特征离子进行定性,内标法定量。样品由载气带入雾化系统进行雾化后,以气溶胶形式进入等离子体的轴向通道,在高温和惰性气体中被充分蒸发、解离、原子化和电离,转化成的带电荷的正离子经离子采集系统进入质谱仪,质谱仪根据离子的质荷比即元素的质量数进行分离并定性、定量地分析。在一定浓度范围内,元素质量数处所对应的信号响应值与其浓度成正比。

2. 试剂和材料

(1)实验用水:电阻率不小于 $18M\Omega \cdot cm$,其余指标满足 GB/T 6682 中的一级标准。

(2)硝酸: $\rho(HNO_3)=1.42g/mL$,优级纯或优级纯以上。

(3)盐酸: $\rho(HCl)=1.19g/mL$,优级纯或优级纯以上。

(4)标准溶液:①单元素标准储备溶液: $\rho=1.00mg/mL$。可用光谱纯金属(纯度大于99%)或其他标准物质配制成浓度为 1.00mg/mL 的标准储备溶液,根据各元素的性质选用合适的介质。②混合标准储备溶液。③混合标准使用溶液。用硝酸溶液稀释元素标准储备溶液,将元素分组配制成混合标准使用液,钾、钠、钙、镁储备溶液即为其使用溶液,浓度为 100mg/L;其余元素混合使用溶液浓度为 1mg/L。

(5)内标标准储备溶液: $\rho=100\mu g/L$。宜选用 ^{6}Li、^{45}Sc、^{74}Ge、^{89}Y、^{103}Rh、^{115}In、^{185}Re、^{209}Bi 为内标元素。

(6)内标标准使用溶液。用硝酸溶液稀释内标储备液,配制内标标准使用溶液。由于不同仪器采用不同内径蠕动泵管在线加入内标,致使内标进入样品中的浓度不同,故配制内标使用液浓度时应考虑使内标元素在样液中的浓度约为 $5\sim50\mu g/L$。

(7)质谱仪调谐溶液: $\rho=10\mu g/L$。宜选用含有 Li、Y、Be、Mg、Co、In、Tl、Pb 和 Bi 元素为质谱仪的调谐溶液。可直接购买有证标准溶液,用硝酸溶液稀释至 $10\mu g/L$。

(8)氩气:纯度不低于 99.99%。

3. 仪器和设备

(1)电感耦合等离子体质谱仪及其相应的设备。仪器工作环境和对电源的要求需根据仪器说明书规定执行。仪器扫描范围:$5\sim250$amu;分辨率:10%峰高处所对应的峰宽应优于1amu。

(2)温控电热板。

(3)过滤装置,$0.45\mu m$ 孔径水系微孔滤膜。

(4)一般实验室常用仪器设备。

4. 实验步骤

1)样品消解

准确量取(100.0±1.0)mL摇匀后的样品于250mL聚四氟乙烯烧杯中(视水样实际情况,取样量可适当减少,但需注意稀释倍数的计算),加入2mL硝酸溶液和1mL盐酸溶液于上述烧杯中,置于电热板上加热消解,加热温度不得高于85℃。消解时,烧杯应盖上表面皿或采取其他措施,保证样品不受通风柜周边的环境污染。持续加热,保持溶液不沸腾,直至样品蒸发至20mL左右。在烧杯口盖上表面皿以减少过多的蒸发,并保持轻微持续回流30min。待样品冷却后,用去离子水冲洗烧杯至少3次,并将冲洗液倒入容量瓶中,确保消解液转移至50mL容量瓶中,用去离子水定容,加盖,摇匀保存。若消解液中存在一些不溶物,可静置过夜或离心以获得澄清液。若离心或静置过夜后仍有悬浮物,则可过滤去除,但应避免过滤过程中可能产生的污染。

2)样品测试

(1)仪器调谐。点燃等离子体后,仪器需预热稳定30min。首先用质谱仪调谐溶液对仪器的灵敏度、氧化物和双电荷进行调谐,在仪器的灵敏度、氧化物、双电荷满足要求的条件下,调谐溶液中所含元素信号强度的相对标准偏差不大于5%。然后在涵盖待测元素的质量范围内进行质量校正和分辨率校验,如质量校正结果与真实值差别超过+0.1amu或调谐元素信号的分辨率在10%峰高,所对应的峰宽超过0.6~0.8amu的范围,应依照仪器使用说明书的要求对质谱进行校正。

(2)校准曲线的绘制。依次配制一系列待测元素标准溶液,可根据测量需要调整校准曲线的浓度范围。在容量瓶中取一定体积的标准使用液,使用硝酸溶液配制系列标准曲线。内标元素标准使用溶液可直接加入工作溶液中,也可在样品雾化之前通过蠕动泵自动加入。

(3)试样的测定。每个试样测定前,先用硝酸溶液冲洗系统直到信号降至最低,待分析信号稳定后才可开始测定。试样测定时应加入与绘制校准曲线时相同量的内标元素标准使用溶液。若样品中待测元素浓度超出校准曲线范围,需用硝酸溶液稀释后重新测定,稀释倍数为f。试样溶液基体复杂,多原子离子干扰严重时,可根据各仪器厂家推荐的条件,通过碰撞/反应池模式技术进行校正。

5. 结果计算

样品中元素含量按照下式进行计算。

$$\rho = (\rho_1 - \rho_2) \times f \tag{3-18}$$

式中,ρ——样品中元素的浓度,$\mu g/L$ 或 mg/L;

ρ_1——稀释后样品中元素的质量浓度,ug/L 或 mg/L;

ρ_2——稀释后实验室空白样品中元素的质量浓度,g/L 或 mg/L;

f——稀释倍数。

(三)水体中汞元素分析

1. 实验目的和原理

本实验主要学习金管富集-冷原子-荧光法测定水体中汞含量。主要原理为氧化-还原化学反应。通过 $SnCl_2$ 将样品中 Hg(Ⅱ)还原为挥发性的 Hg(0),挥发性汞在金砂捕集管上形成金汞齐进行富集,金砂捕集管被加热释放汞蒸气到检测器。

2. 仪器和试剂

(1)氯化溴(BrCl):配制 100mL 的 BrCl 溶液。取 100mL 超纯盐酸(HCl)到经 500℃灼烧冷却后、容积为 100～150mL 的无汞烧杯里,将烧杯放到电磁搅拌器台面上,再称取 1.08g KBr(精确到 0.000 1)加入 100mL 超纯盐酸(HCl)中,用磁力搅拌器搅拌 1h,然后边搅拌边缓慢加入 1.52g $KBrO_3$(精确到 0.000 1),颜色变化由淡黄—红—橙—淡黄,用保鲜膜轻轻盖下再搅拌 1h,将配制好的 BrCl 溶液转移到干净的 200mL 硼硅玻璃采样瓶中,盖紧瓶塞常温或冷藏备用即可。保质期长,避免污染即可。

(2)氯化亚锡($SnCl_2$):配制 100mL 样品。称取 20g $SnCl_2 \cdot H_2O$ 溶解在装有 10mL 超纯盐酸的烧杯中(微热助溶),待完全溶解为无色透明的溶液后将溶液转移到 100mL 容量瓶中,加入适量超纯水,以 300mL/min 的速度用纯氮载气除汞 6～8h,用超纯水定容到 100mL 盖紧瓶塞,冷藏即可。保质期至少 1 周,如发现溶液变得浑浊则说明已过期,不可再用。

(3)盐酸羟胺($NH_2OH \cdot HCl$):称取 25g $NH_2OH \cdot HCl$ 溶于 100mL 超纯水中,待完全溶解加入 100μL 的 $SnCl_2$ 摇匀,以 300mL/min 的速度用无汞氮气除汞 6～8h 盖紧瓶塞即可。此过程同上,均在干净的烧杯中配制,最后移入容量瓶。无需冷藏,远离污染源即可。

(4)汞标准溶液配制:①配制原始汞标准溶液(浓度:10μg/mL)。用移液器取 1mL 原始汞标准溶液(稀释 100 倍)加入到 89mL 超纯水中,再加入 10mL 超纯盐酸即 100ng/mL 标准溶液。②配制 1ng/mL 的汞标准溶液。用移液器取 1mL 配好的 100ng/mL 汞标准溶液(稀释 100 倍)加入到 89mL 超纯水中,再加入 10mL 超纯盐酸即 1ng/mL 标准溶液。

(5)冷原子荧光测汞仪。

(6)汞吹扫装置(气泡瓶、气泡杆、流量计、氮气瓶、金管、干燥管)。

(7)一般实验室常用仪器设备。

3. 实验步骤

1)前处理

新鲜的干净水样中加入 1%(体积比)BrCl 溶液进行保存;对含有一些颗粒物或有颜色的水样溶液,可加入 2%BrCl;对含有大量颗粒物或硫磺味很重的水样,可加入 5%BrCl。

2)样品测定

(1)测样前准备。①对所有用于富集的金管进行空烧清除其中残留的汞。金管长时间不使用或进行过更换需要对一批金管进行活化,活化使用 1000×10^{-9}($100\mu L 100 \times 10^{-9}$)汞标准溶液进行活化。②气泡瓶经泡酸(硝酸 20%,若过脏,则泡盐酸 1:1)过夜以去除其中残留的汞,在管口抹上凡士林保证气密性并利于拔插。③保证干燥管中的填料干燥。

(2)样品富集。每个气泡瓶取 100mL 超纯水,将气泡瓶与氮气、流量计、干燥管、金管依次连接好,加入 100μL 氯化亚锡,将样品加入气泡瓶中(保证气泡瓶中的水量为 100mL)。旋紧瓶口,打开氮气阀,调整流量计使其保持在 50L/min 左右,吹扫 15min 使汞富集在金管中。

关气取下富集汞的金管。

(3)上机测量。将金管连入吹扫模块,注意气路方向,连上时先连右侧,拔下时先拔左侧。点击软件的"Strat Batch"键进行样品分析,进入"Peaks"查看出峰情况,进入"Result"界面查看分析结果。

4. 注意事项

(1)配置溶液和样品富集过程均需在通风橱操作。

(2)水样必须在取样后48h内用氯化溴或盐酸保存。如果在最初的采样容器中加入氯化溴保存,则样品能保存28天。

(四)水体中砷元素分析

1. 实验目的和原理

本实验主要学习通过原子荧光法定量测定水样中微量元素砷(As)的含量。元素As与KBH_4或$NaBH_4$发生反应时,可形成气态氢化物。氢化物在(如AsH_3)常温下为气态,借助载气流导入原子化器中解离成气态,然后As原子吸收As空心阴极灯发射的光辐射而被激发,射出As的特征荧光,测量波长为193.7nm的特征荧光强度,即可进行试样中As含量的测定。

2. 仪器与试剂

1)仪器

AFS-230E原子荧光光度计、高强度As元素空心阴极灯、电子天平等。

2)试剂

NaOH(优级纯)、KBH_4(优级纯)、As_2O_3(基准试剂)、盐酸(优级纯)、硫脲(优级纯)、抗坏血酸(优级纯)、标准溶液的配制。

(1)配制2% KBH_4标准溶液。用电子天平称取2.5g NaOH于去离子水中溶解,再加入10g KBH_4,用去离子水稀释至500mL,混匀。

(2)配制As标准储备液(100ug/mL)。称取0.132 0g预先在105℃～110℃干燥2h的As_2O_3,将其置于250mL烧杯中,加入10mL100g/L NaOH溶解;待其溶解后,用盐酸(1+1)中和至溶液呈微酸性,用5%盐酸稀释至1000mL,用去离子水稀释至刻度,混匀。

(3)配制As标准溶液(1ug/mL)。吸取1.00mL上述100ug/mLAs标准储备液于100mL容量瓶中,用5%盐酸稀释至刻度,摇匀。

3. 实验步骤

(1)配制As系列浓度标准溶液。分别在6个100mL容量瓶中加入5mL盐酸、10mL硫脲和抗坏血酸混合液,然后分别加入1μg/mL As标准溶液0mL、0.20mL、0.40mL、0.80mL、

1.20mL、2.00mL,用去离子水稀释至刻度,摇匀。此时,系列浓度标准溶液的浓度为 $0\mu g/L$、$2.00\mu g/L$、$4.00\mu g/L$、$8.00 ug/L$、$12.00\mu g/L$、$20.00\mu g/L$。

(2)配制样品溶液。在100mL容量瓶中加入20mL水样、5mL盐酸、10mL硫脲和抗坏血酸混合液,用去离子水稀释至刻度,摇匀。

(3)将上述配制好的系列浓度标准溶液和样品溶液用AFS-230E原子荧光分光光度计进行测定。

(4)绘制系列浓度溶液的标准曲线,计算水中As元素含量。

第三节 土壤环境无机地球化学分析

一、土壤理化性质分析

(一)土壤 pH 值的测定

1. 概述

pH 值的化学定义是溶液中 H^+ 活度的负对数。土壤的 pH 值是土壤酸碱度的强度指标,是土壤的基本性质和地球化学过程的重要影响因素之一。它直接影响土壤元素的存在形态、转化和溶解性,从而影响元素的迁移转化。

土壤 pH 值的测定方法包括比色法和电位法。电位法的精确度较高。pH 值误差约为 0.02 个单位,现已成为室内测定的常规方法。野外速测常用混合指示剂比色法,它的精确度较差,pH 值误差在 0.5 左右。

2. 实验原理

以电位法测定土壤溶液 pH 值,通用 pH 玻璃电极为指示电极,甘汞电极为参比电极。此两电极插入待测液时构成电池反应,其间产生相应的电位差,因参比电极的电位是固定的,故此电位差之大小取决于待测液的 H^+ 活度或它的负对数 pH 值。因此,可用电位计测定电动势,再换算成 pH 值,一般用酸度计可直接测读 pH 值。本实验学习用电位法测定土壤溶液 pH 值。

3. 实验试剂和仪器

(1)pH=4.003 标准缓冲液:称取在 105℃烘干的苯二甲酸氢钾($KHC_8H_4O_4$)10.21g,用蒸馏水溶解后稀释至 1000mL。

(2)pH=6.86 标准缓冲液:称取在 45℃烘过的磷酸二氢钾 3.388g 和无水磷酸氢二钠 3.533g(或用带 12 个结晶水的磷酸氢二钠于干燥器中放置 2 周,使其成为带 2 个结晶水的磷酸氢二钠,再经过 130℃烘成无水磷酸氢二钠备用),溶解在蒸馏水中,定容至 1000mL。

(3)pH=9.18 标准缓冲液:称 3.80g 硼砂($Na_2B_4O_7 \cdot 10H_2O$)溶于蒸馏水中,定容至 1000mL。此缓冲液易变化,应注意保存。

(4)1mol KCl 溶液:称取 74.6g KCl 溶于 400mL 蒸馏水中,用 10% KOH 或 HCl 调节至 pH=5.6~6.0,然后稀释至 1000mL。

(5)酸度计,50mL 小烧杯、搅拌器等。

4. 操作步骤

1)土壤溶液浸提

称取过 1mm 筛孔的风干土 5g 两份,分别放在 50mL 的烧杯中,一份加无 CO_2 的蒸馏水

25mL,另一份加1mol/L的KCl溶液25mL(此时土水比为1∶5),用搅拌器搅拌1min,放置约30min后用酸度计测定上层溶液pH值。

2)PHS-3C型酸度计使用说明

(1)准备工作。

把仪器电源线插入220V交流电源,玻璃电极和甘汞电极安装在电极架上的电极夹中,将甘汞电极的引线连接在后面的参比接线柱上。安装电极时玻璃电极球泡必须比甘汞电极陶瓷芯端稍高一些,以防止球泡碰坏。甘汞电极在使用时应把上部的小橡皮塞及下端的橡皮套取下,在不用时仍用橡皮套将下端套住。

在玻璃电极插头没有插入仪器的状态下,接通仪器后面的电源开关,让仪器通电预热30min。将仪器面板上的按键开关置于pH值位置,调节面板的"零点"电位器使读数在±0之间。

(2)仪器标定。

测量溶液pH值之前必须先对仪器进行标定。一般在正常连续使用时,每天标定一次已能达到要求。但当被测定溶液有可能损害电极球泡的水化层或对测定结果有疑问时应重新标定。标定分"一点"标定和"二点"标定两种。标定前应先对仪器调零。标定完成后,仪器的"斜率"及"定位"调节器不应再有变动。

A."一点"标定方法。①插入电极插头,按下选择开关按键使之处于pH位,"斜率"旋钮放在100%处或已知电极斜率的相应位置。②选择一种与待测溶液pH值比较接近的标准缓冲溶液。将电极用蒸馏水清洗并吸干后浸入标准溶液中,调节温度补偿器使其指示与标准溶液的温度相符。摇动烧杯使溶液均匀。③调节"定位"调节器使仪器读数为标准溶液在当时温度时的pH值。

B."二点"标定方法。①插入电极插头,按下选择开关按键使之处于pH位,"斜率"旋钮放在100%处或已知电极斜率的相应位置。②选择两种标准溶液,测量溶液温度并查出这两种溶液与温度对应的标准pH值(假定为pHS1和pHS2)。将温度补偿器放在溶液温度相应位置。将电极用蒸馏水清洗并吸干后浸入第一种标准溶液中,稳定后的仪器读数为pH_1。③再将电极用蒸馏水清洗并吸干后浸入第二种标准溶液中,仪器读数为pH_2。计算$S=[(pH_1-pH_2)/(pHS1-pHS2)]\times100\%$,然后将"斜率"旋钮调到计算出来的$S$值相对应位置,再调节定位旋钮使仪器读数为第二种标准溶液的pHS2值。④再将电极浸入第一种标准溶液,如果仪器显示值与pHS1相符则标定完成。如果不符,则分别将电极依次再浸入这两种溶液中,在比较接近pH=7的溶液中时"定位",在另一种溶液中时调"斜率",直至两种溶液都能相符为止。

3)测量pH值

(1)已经标定过的仪器即可用来测量被测溶液的pH值,测量时"定位"及"斜率"调节器应保持不变,"温度补偿"旋钮应指示在溶液温度位置。

(2)将清洗过的电极浸入被测溶液,摇动烧杯使溶液均匀,稳定后的仪器读数即为该溶液的pH值。更换测试溶液时要清洁玻璃电极,并用滤纸擦干电极后再次使用。

5. 注意事项

(1)土水比的影响:一般土壤悬液愈稀,测得的 pH 值愈高,尤以碱性土的稀释效应较大。为了便于比较,测定 pH 值的土水比应当固定。经试验,采用 1∶1 的土水比,碱性土和酸性土均能得到较好的结果,酸性土采用 1∶5 和 1∶1 的土水比所测得的结果基本相似,故建议碱性土采用 1∶1 或 1∶5 的土水比进行测定。

(2)蒸馏水中的 CO_2 会使测得的土壤 pH 值偏低,故应尽量除去,以避免其干扰。

(3)待测土样不宜磨得过细,宜用通过 1mm 筛孔的土样测定。

(4)长时间没有使用的玻璃电极在使用前应在 0.1mol/L KCl 溶液或蒸馏水中浸泡活化 24h 以上。

(5)甘汞电极一般为 KCl 饱和溶液灌注,如果发现电极内已无 KCl 结晶,应从侧面投入一些 KCl 结晶体,以保持溶液的饱和状态。不使用时,电极可放在 KCl 饱和溶液或纸盒中保存。

(二)土壤含水量测定

1. 实验目的

测定土壤水分是为了了解土壤水分状况,农业上作为土壤水分管理,如确定灌溉定额的依据。在无机地球化学等分析工作中,由于分析结果一般是以烘干土为基础表示,也需要测定湿土或风干土的水分含量,以便进行分析结果的换算。土壤水分的测定方法很多,实验室一般采用烘干法。

2. 仪器和试剂

(1)仪器:烘箱、分析天平、角匙、铝盒、干燥器、蒸发皿、镊子、玻棒、量筒。

(2)试剂:乙醇。

3. 测定方法

1)原理

将土样置于(105±2)℃的烘箱中烘至恒重,即可使其所含水分(包括吸湿水)全部蒸发,以此求算土壤水分含量。

2)操作步骤

(1)取干燥铝盒称重为 $W_1(g)$。

(2)加土样约 5g 于铝盒中称重为 $W_2(g)$。

(3)将铝盒放入烘箱,在 105℃～110℃下烘烤 8h 称重为 $W_3(g)$。一般可达恒重,取出放入干燥器内,冷却 20min 可称重。必要时,如前法再烘 1h,取出冷却后称重,两次称重之差不得超过 0.05g,取最低的一次计算。

注:质地较轻的土壤烘烤时间可以缩短,即 5～6h。

4. 结果计算

$$土壤水分含量(\%) = \frac{(W_2 - W_3)}{(W_3 - W_1)} \times 100\% \tag{3-19}$$

$$水分换算系数 = \frac{(W_3 - W_1)}{(W_2 - W_1)} \tag{3-20}$$

土壤分析一般以烘干土计重,但分析时又以湿土或风干土称重,故需进行换算,计算公式为:

$$应称取的湿土或风干土样重 = 所需烘干土样重 \times (1 + 水分\%) \tag{3-21}$$

(三)土壤氧化还原电位的测定

1. 实验目的和原理

土壤中进行着多种复杂的化学和生物化学过程,其中氧化还原作用占有重要的地位。土壤空气中氧含量的高低强烈地影响着土壤溶液的氧化还原状况,故测定土壤的氧化还原电位,可以大致了解土壤的通气状况。土壤中元素的转化与土壤的氧化还原状况有关,因此,测定土壤氧化还原电位具有十分重要的意义。

土壤中参与氧化还原过程的物质多种多样,基本上可以分为无机体系和有机体系两大类。氧化还原反应实质上是电子得失的反应,失去电子的物质被氧化,得到电子的物质被还原。氧化还原反应的最简单表示形式为:

$$氧化剂^{m+} + n \cdot e^- \rightarrow 还原剂^{m-n} \tag{3-22}$$

测定时将铂电极和饱和甘汞电极插入土壤中,两者相互组合构成电池,铂电极作为电路中传递电子的导体。在铂电极上发生的反应有还原物质的氧化,使铂电极获得电子,或者是氧化物质的还原,使铂电极失去电子。这两种趋势同时存在,方向相反,最后铂电极的电位大小就取决于这两种趋势平衡的结果,一般采用氧化还原电位计或酸度计测出电位差值,根据饱和甘汞电极在不同温度时的电位值,可以算出铂电极的电位,即土壤的氧化还原电位,用 Eh 表示。

2. 仪器

pHS-29 型酸度计、铂电极、饱和甘汞电极、温度计。

3. 操作步骤

用 pHS-29 型酸度计在田间测定土壤的氧化还原电位时,一般采用直流电源,在实验室内则用交流电源。具体操作如下。

(1)转动选择开关,如用直流电源应转到 DC 的位置,用交流电源则应转到 AC 的位置。

(2)将 pH-mV 转换开关拨到"mV"处。

(3)调节零点电位器,使电计的指针指在 0 mV 处(下刻度)。

(4)将铂电极的接线片接正极,饱和甘汞电极的接线片接负极。把两支电极小心地插入待测的土壤中。

(5) 电极插入 1min 后按下读数开关,电计所指读数(下面的刻度)乘 100,即为待测的电位差值的毫伏数(mV)。

(6) 如果电计的指针反向偏转,则表明土壤的 Eh 值低于饱和甘汞的电位值,可把原来的电极接法反转过来,再按步骤重新测定。

4. 结果计算

仪器上的电位值读数是铂电极的电位(即土壤氧化还原电位)和饱和甘汞电极电位的差,土壤的电位值(Eh)需经计算才能得到。根据测定时的温度,从附表 2 中查出饱和甘汞电极的电位,再按下式计算。

如以铂电极为正极、饱和甘汞电极为负极,则:

$$Eh_{测出} = Eh_{土壤} - Eh_{饱和甘汞电极} \tag{3-23}$$

$$Eh_{土壤} = Eh_{饱和甘汞电极} + Eh_{测出} \tag{3-24}$$

如以甘汞电极为正极、铂电极为负极,则:

$$Eh_{测出} = Eh_{饱和甘汞电极} - Eh_{土壤} \tag{3-25}$$

$$Eh_{土壤} = Eh_{饱和甘汞电极} - Eh_{测出} \tag{3-26}$$

5. 注意事项

(1) 土壤氧化还原电位最好在田间直接测定。如果要把土壤带回室内测定,必须用较大的容器采集原状土一块,立即用胶布或石蜡密封,速带回室内。打开容器后,先用小刀刮去表面 1cm 的土壤,马上插入电极进行测定。由于土壤的不均一性和铂电极接触到的土壤面积极小,因此,需要进行多点重复测定,取 Eh 的平均值。

(2) 对不同土壤、不同土层或同一土层的不同部位进行系列比较测定时,用同一支铂电极测过 Eh 较高的土壤,再测 Eh 较低的土壤,结果会偏高;反之,先测过 Eh 较低的土壤,再测 Eh 较高的土壤,结果会偏低,而后一种情况可能影响更大些。因此,进行系列测定时,应估计 Eh 的变异范围,变异不大的最好也不用同一支铂电极测定,应分别用 n 支铂电极进行测定。产生上述测定结果偏高或偏低的情况,是铂电极表面性质改变造成的滞后现象。

(3) 铂电极在使用前需经清洁处理,脱去电极表面的氧化膜。处理的方法是:配制 $0.1\sim 0.2 mol/L$ HCl 的溶液,加热至微沸,然后加入少量固体 Na_2SO_4(每 100mL 溶液中加 0.2g),搅匀后,将铂电极浸入,继续微沸 30min 即可。加热过程中应适当加水使溶液体积保持不变。如果电极用久表面很脏,可先用洗液或合成洗涤剂浸泡,然后再进行上述处理。

(4) 由于土壤的氧化还原平衡与酸碱度之间有着相当复杂的关系,它在一定程度上受氢离子浓度的影响,所以土壤的 Eh 值也因 pH 值不同而有一定的变化。为了消除 pH 值对 Eh 值的影响,使所测结果便于相互比较,要经 pH 值校正。

(四)土壤有机质含量的测定

1. 实验目的和原理

土壤有机质是土壤的重要有机组成,土壤有机质常与无机组成交织在一起,从而改善土壤的物理化学性状。它的胶体特性影响着土壤中元素地球化学过程,在土壤元素形态转化、元素迁移及生物积累等方面具有重要作用。实验目的是掌握土壤有机质含量测定的基本原理和方法。

目前普遍运用的是容量分析法,基本原理是在强酸溶液中,土壤与重铬酸钾共同加热,重铬酸钾硫酸溶液氧化土壤中的有机质,多余的重铬酸钾用硫酸亚铁滴定,由消耗的氧化剂重铬酸钾的量算出有机质含量。这种方法,土壤中碳酸盐无干扰作用,操作简便快速,适用于大量样品的分析。由于这种方法不能完全氧化土壤中的有机化合物,需要用一个校正系数来校正未反应的有机碳,根据有关文献给出的适合于各种土壤的校正系数变化范围为1.09~2.27,本实验选用1.1为有机碳氧化校正系数。

土壤中有机质含量可以用土壤中一般的有机碳比例(即换算因数)乘以有机碳百分比而求得。各地土壤的有机质组成不同,含碳量也会有变化。假定的换算因数势必会产生一定的误差。但目前我国仍沿用经验值1.724来换算土壤有机质。

重铬酸钾容量法测定有机质的氧化和滴定过程中的化学反应如下:

$$2K_2Cr_2O_7 + 3C + 8H_2SO_4 \longrightarrow 2K_2SO_4 + 2Cr_2(SO_4)_3 + 8H_2O + 3CO_2\uparrow \quad (3-27)$$

$$K_2Cr_2O_7 + 6FeSO_4 + 7H_2SO_4 \longrightarrow K_2SO_4 + Cr_2(SO_4)_3 + 3Fe_2(SO_4)_3 + 7H_2O \quad (3-28)$$

2. 试剂与器皿

(1) 0.8mol/L $K_2Cr_2O_7$:称取经过130℃烘干3~4h的分析纯重铬酸钾39.225g;溶于400mL蒸馏水中,必要时加热溶解;冷却后洗入1L容量瓶中,定容存于棕色试剂瓶中备用。

(2) 0.2mol/L $FeSO_4$:称取分析纯硫酸亚铁($FeSO_4 \cdot 7H_2O$)55.6g(或硫酸亚铁铵78.4g)加3mol/L硫酸30mL溶解,加蒸馏水稀释定容至1L并过滤,储存在棕色试剂瓶中。

(3) 邻啡罗啉指示剂:称取化学纯邻啡罗啉1.485g和硫酸亚铁0.695g,共溶于100mL蒸馏水中,即为红棕色络合物$[Fe(C_{12}H_8N_2)_3]_2$。

(4) 石蜡油(约2kg)。

(5) 硫酸。

(6) 天平、电热板、油浴锅、滴定管、三角瓶等。

3. 操作步骤

1) 土样称量

用分析天平精确称取过100目筛的风干土壤样品0.25~0.5g,用称量纸放入干燥硬质试管中。土壤有机质含量小于2%的样品称0.5g、4%~7%的样品称0.3g、7%~10%及以上的样品称0.1g。若土壤中含有Cl^-，应先加硫酸银0.1g于试管中，再用移液管加入0.8N重铬酸钾标准液5mL和浓硫酸5mL，摇匀，放在铁丝筐中消煮。同时做空白试验两份，以0.5g粉状二氧化硅代替土样，其他过程与试样相同。

2) 样品消煮

先将液体石蜡油锅放在电炉上加热到185℃~190℃（夏天在170℃~180℃即可）。将试管连铁丝筐放入油锅中，温度控制在170℃~180℃，待试管中溶液开始沸腾则精确记时5min，立即取下铁丝筐。稍冷，用废纸擦去试管外部油腻，然后将试液洗入250mL三角瓶中，洗试液的用水量为70~80mL（试液酸度为2~3N）。

3) 滴定

加邻啡罗啉指示剂3~5滴，用0.2N硫酸亚铁滴定，溶液由黄色—绿色—突变成棕红色即为终点。记取硫酸亚铁的消耗体积为V。同样滴定空白样品的消耗量记为V_0。

4. 结果计算

$$有机质(\%) = \frac{[(V_0-V)M \times 0.003 \times 1.724 \times 1.1]}{W} \times 100\% \tag{3-29}$$

式中，V_0为滴定空白消耗硫酸亚铁量，mL；

V为滴定样品消耗硫酸亚铁量，mL；

M为硫酸亚铁摩尔浓度，mol/L；

1.724为土壤有机碳换算成有机质的经验常数；

1.1为氧化校正系数；

W为烘干样品重，g

0.003实为3.0[1/4碳原子的摩尔质量(g/mol)]×10^{-3}（mL转换为L）。

分析结果以含量百分数表示，取三位有效数字，小数不超过两位。有机质含量小于2%的，允许绝对误差小于0.05%；有机质含量大于2%的，允许绝对误差小于5%；风干土减去吸湿水，以烘干土计算。

5. 注意事项

(1) 消煮温度严格控制在170℃~180℃。

(2) 消煮时间保证5min，否则对结果有影响。一般结果偏高偏低与消煮时间有密切关系。

(3) 样品加消煮液后颜色应为黄色或黄带绿色，若以绿色为主，表明重铬酸钾用量不足，应重做（减少样品）。

(4) 土壤中氯化物的存在可使结果偏高，因为氯化物也能被重铬酸钾所氧化。

(5) 对于水稻土、沼泽土和长期渍水的土壤，其中还原性物质较多，在测定前必须充分风干。一般把样品磨细后，铺成薄薄一层，在室内通风10天左右可使其中的亚铁氧化。

(五)土壤阳离子交换量测定

1. 实验目的和原理

土壤的阳离子交换性能由土壤胶体表面性质所决定,由有机质的交换基与无机质的交换基所构成,前者主要是腐殖质酸,后者主要是黏土矿物和铁锰等氧化物。它们在土壤中互相结合着,形成了复杂的有机无机胶质复合体,通常所吸附的阳离子总量包括交换性盐基(K^+、Na^+、Ca^{2+}、Mg^{2+})和水解性酸,两者的总和即为阳离子交换量。它的交换过程是土壤固相表面阳离子与溶液中阳离子起等量交换作用。阳离子交换量的大小可以作为评价土壤吸收水分、元素吸附与解吸附行为的重要指标。土壤阳离子交换量是土壤胶体的属性特征,也是反映元素在土壤体系内部或向水体、大气、生物中迁移转化的重要参数。

EDTA-铵盐快速法不仅适用于中性、酸性土壤,而且适用于石灰性土壤阳离子交换量测定。采用 0.005mol/L 的 EDTA 与 1mol/L 的醋酸铵混合液作为交换剂,在适宜的 pH 条件下(酸性土壤 pH 值为 7.0,石灰性土壤 pH 值为 8.5),这种交换络合剂可以与 Ca^{2+}、Mg^{2+} 和 Fe^{3+}、Al^{3+} 进行交换,并在瞬间形成电离度极小稳定性较大的络合物,不会破坏土壤胶体,加快了二价以上金属离子的交换速度。同时由于醋酸缓冲剂的存在,对于交换性氢和一价金属离子也能交换完全,形成的铵质土再用 95% 酒精洗去过剩的铵盐,用蒸馏法测定交换量,对于酸性土壤的交换液,同时可以用作交换性盐基组成的待测液用。

2. 仪器和试剂

1)仪器及器皿

架盘天平(500g)、定氮装置、开氏瓶(150ml)、电动离心机(转速 3000~4000r/min)、离心管(100mL)、带橡皮头玻璃棒、电子天平(1/100)。

2)试剂

1)0.005mol/L EDTA 与 1mol/L 醋酸铵混合液:称取化学纯醋酸铵 77.09g 及 EDTA 1.461g,加水溶解后一起洗入 1000mL 容量瓶中,再加蒸馏水至 900mL 左右,以 1∶1 氢氧化铵和稀醋酸调至 pH 值为 7.0 或 pH 值为 8.5,然后再定容到刻度,即用同样方法分别配成两种不同酸度的混合液,备用。其中 pH 值为 7.0 的混合液用于中性和酸性土壤的提取,pH 值为 8.5 的混合液仅适用于石灰性土壤的提取。

(2)95% 乙醇溶液:工业用必须无铵离子。

(3)2% 硼酸溶液:称取 20g 硼酸,用热蒸馏水(60℃)溶解,冷却后稀释至 1L,最后用稀盐酸或稀氢氧化钠调节 pH 值至 4.5(定氮混合指示剂显酒红色)。

(4)定氮混合指示剂:分别称取 0.1g 甲基红和 0.5g 溴甲酚绿指示剂,放于玛瑙研钵中,并用 95% 酒精 100mL 研磨溶解。此溶液用稀盐酸或氢氧化钠调节至紫红色(葡萄酒色),此时溶液的 pH 值为 4.5。

(5)纳氏试剂(定性检查用):称氢氧化钾 134g 溶于 460mL 蒸馏水中;称取碘化钾 20g 溶于 50mL 蒸馏水中,加碘化汞约 3g,使溶液至饱和状态。然后将两种溶液混合即成。

(6) 0.05mol/L 盐酸标准溶液:取浓盐酸 4.5mL,用水稀释至 1L,用硼酸标准溶液标定。

(7) 氧化镁(固体):在马弗炉中经 500℃～600℃灼烧半小时,使氧化镁中可能存在的碳酸镁转化为氧化镁,提高其利用率,同时防止蒸馏时产生大量气泡。

(8) 液态或固态石蜡。

3. 操作步骤

(1) 称取通过 60 目筛的风干土样 1.00g,有机质含量少的土样可称 2～5g,将其小心放入 100mL 离心管中。沿管壁加入少量 EDTA-醋酸铵混合液,用带橡皮头的玻璃棒充分搅拌,使样品与交换剂混合,直到整个样品呈均匀的泥浆状态。加交换剂使总体积达 80mL 左右,再搅拌 1～2min,然后洗净带橡皮头的玻璃棒。

(2) 将离心管在粗天平上成对平衡,对称放入离心机中离心 3～5min,转速 3000r/min 左右,弃去离心管中的清液。然后将载土的离心管管口向下用自来水冲洗外部,用不含铵离子的 95%乙醇溶液如前搅拌样品,洗去过剩的铵盐,洗至无铵离子反应为止,用纳氏试剂检查铵离子。

(3) 用自来水冲洗管外壁后在管内放入少量水,用带橡皮头的玻璃棒搅成糊状,并洗入 150mL 开氏瓶中,洗入体积控制在 80～100mL 左右,其中加 2mL 液状石蜡(或取 2g 固体石蜡)、1g 左右氧化镁,立即把开氏瓶装在蒸馏装置上。

(4) 将装有 2%硼酸指示剂吸收液 25mL 的锥形瓶(250mL),放置在用缓冲管连接的冷凝管的下端。打开螺丝夹(蒸汽发生器内的水要先加热至沸),通入蒸汽,随后摇动开氏瓶内的溶液使其混合均匀。打开开氏瓶下的电炉电源,接通冷凝系统的流水。用螺丝夹调节蒸汽流速度,使其一致,蒸馏约 20min,馏出液约达 80mL 以后,应检查蒸馏是否完全。检查方法:取下缓冲管,在冷凝管下端取几滴馏出液于白瓷比色板的凹孔中,立即往馏出液内加 1 滴甲基红-溴甲酚绿混合指示剂,呈紫红色,表明氨已蒸完,呈蓝色则需继续蒸馏(如加滴纳氏试剂,无黄色反应,即表示蒸馏完全)。

(5) 将缓冲管连同锥形瓶内的吸收液一起取下,用水冲洗缓冲管的内外壁(洗入锥形瓶内),然后用盐酸标准溶液滴定。同时做空白试验。

4. 结果计算

$$\text{阳离子交换量(cmol/kg} \pm) = \frac{M \times (V - V_0)}{m} \tag{3-30}$$

式中,V 为滴定待测液所消耗盐酸毫升数;

V_0 为滴定空白所消耗盐酸毫升数;

M 为盐酸的摩尔浓度,mol/L;

m 为烘干土样质量,kg。

5. 注意事项

操作步骤中第 2 步离心前用乙醇洗带橡皮头的玻璃棒,表面黏附的黏粒要用少量乙醇冲洗进离心管。

(六)土壤溶液阴离子测定

1. 实验目的和原理

土壤溶液是土壤中水分及其所含溶质的总称,土壤溶液中的溶解物质包括离子态、分子态和纳米溶解态。土壤溶液阴离子组成是有助于理解土壤地球化学过程的参考指标。本实验采用离子色谱测试土壤提取液的 4 种常见阴离子(F^-、Cl^-、NO_3^- 和 SO_4^{2-})的含量。

2. 仪器与试剂

(1)高效液相色谱仪、化学抑制器、低脉冲串联双活塞往复泵、双通道蠕动泵、数据采集及处理软件等。

(2)色谱条件:阴离子分析柱(250mm×4mm),流动相:1.8mmol/L 碳酸钠＋1.7mmol/L 碳酸氢钠淋洗液,50mol/L 硫酸抑制器再生液,进样体积 40μL,流速 1.0mL/min。

(3)标准溶液:F^-、Cl^-、NO_3^- 和 SO_4^{2-} 按标准方法配制成 1000mg/L 的储备液备用。所有试剂均为分析纯,溶液用电阻率大于 18MΩ 的超纯水配制。

(4)氟离子标准储备液:准确称取 2.210 0g 氟化钠溶于适量水中,全量移入 1000mL 容量瓶,用水稀释定容至标线,混匀。

(5)氯离子标准储备液:称取 1.648 5g 氯化钠溶于适量水中,全量转入 1000mL 容量瓶,用水稀释定容至标线,混匀。

(6)硫酸根标准储备液:准确称取 1.479 2g 无水硫酸钠溶于适量水中,全量转入 1000mL 容量瓶,用水稀释定容至标线,混匀。

(7)硝酸根标准储备液:准确称取 1.630 4g 硝酸钾溶于适量水中,全量转入 1000mL 容量瓶,用水稀释定容至标线,混匀。

(8)天平、离心机、离心管、定量瓶等。

3. 操作步骤

(1)样品制备:称取通过 20 目筛子的风干土样 5.0g(精确到 0.001g),放入 100mL 离心管中,加入 50mL 超纯水,塞紧瓶塞,在 25℃恒温振荡器上振荡 16h。振荡时间结束后,在 4000r/min 下离心 15min,取上清液。用 0.45μm 的滤膜过滤上清液,经此处理后的样品进行下一步测试。

(2)样品前处理:测试前须对处理好的土壤提取液进行预处理。参考下列步骤对 IC-RP 预处理小柱进行活化后方可处理样品。用 5mL 甲醇活化 RP 小柱,推动速度每分钟不超过 3mL,然后用 10mL 去离子水冲洗 RP 小柱,推动速度每分钟不超过 3mL,最后将小柱平放 20min。

(3)样品分析:将 5mL 样品缓慢推入小柱,推动速度每分钟不超过 3mL,弃去前 3mL,收集 2mL 经 IC-RP 预处理后的样品直接进样。

(4)标准曲线:按标准方法配制一系列标准溶液,然后在色谱分析条件下,以峰面积对浓度作回归,得到测试阴离子的线性范围和相关系数等指标。可参考第二节水中阴离子分析的具体内容。

4. 结果计算

样品测试结果将由测试仪器计算机根据相应标准曲线测试结果综合计算,得出样品溶液中阴离子的浓度。

二、土壤中的元素分析

(一)土壤中氮的测定

1. 实验目的和原理

土壤中的无机态氮主要是铵态氮和硝态氮,有少量的亚硝态氮存在。土壤中铵态氮和硝态氮的含量可能发生较大的波动。

土壤中氮的分析主要包括土壤全氮量和有效态氮量。分析土壤有效氮包括无机的矿物态氮和部分有机质中易分解的、比较简单的有机态氮。它是铵态氮、硝态氮、氨基酸、酰胺和易水解的蛋白质氮的总和,通常也称作水解氮,可以反映土壤近期氮素供应情况。土壤全氮量变化较小,通常用开氏法或以开氏法为基本原理的自动定氮仪器测定。

用浓硫酸消煮土壤样品,在催化剂和增温剂等的参与下,各种含氮有机物经过复杂的高温分解反应转化为氨,与硫酸结合成硫酸铵。碱化后蒸馏出来的氨用硼酸吸收,以标准酸溶液滴定,求出土壤全氮量(不包括全部硝态氮)。

包括硝态和亚硝态氮的全氮测定,在样品消煮前,需先用高锰酸钾将样品中的亚硝态氮氧化为硝态氮后,再用还原铁粉使全部硝态氮还原,转化成铵态氮。

在高温下,硫酸是一种强氧化剂,能氧化有机化合物中的碳,生成 CO_2,从而分解有机质。反应式如下:

$$2H_2SO_4 + C \longrightarrow 2H_2O + 2SO_2 \uparrow + CO_2 \uparrow (高温) \tag{3-31}$$

样品中的含氮有机化合物,如蛋白质在浓 H_2SO_4 的作用下,水解成为氨基酸,氨基酸又在 H_2SO_4 的脱氨作用下,还原成氨,氨与硫酸结合成为硫酸铵留在溶液中。

Se 的催化过程反应如下:

$$2H_2SO_4 + Se \longrightarrow \underset{亚硒酸}{H_2SeO_3} + 2SO_2 \uparrow + H_2O \tag{3-32}$$

$$H_2SeO_3 \longrightarrow SeO_2 + H_2O \tag{3-33}$$

$$SeO_2 + C \longrightarrow Se + CO_2 \tag{3-34}$$

由于 Se 的催化效能高,一般常量法 Se 粉用量不超过 $0.1 \sim 0.2$ g,如用量过多则将引起氮的损失。

$$(NH_4)_2SO_4 + H_2SeO_3 \longrightarrow (NH_4)_2SeO_3 + H_2SO_4 \tag{3-35}$$

$$3(NH_4)_2SeO_3 \longrightarrow 2NH_3 + 3Se + 9H_2O + 2N_2 \uparrow \qquad (3\text{-}36)$$

以 Se 作催化剂的消煮液,也不能用于氮磷联合测定。硒是一种有毒元素,在消化的过程中放出 H_2Se。H_2Se 的毒性较 H_2S 更大,易引起中毒。所以实验室要有良好的通风设备,方可使用这种催化剂。

硫酸铜的催化过程如下:

$$4CuSO_4 + 3C + 2H_2SO_4 \xrightarrow{\triangle} 2Cu_2SO_4 + 4SO_2 \uparrow + 3CO_2 \uparrow + 2H_2O \qquad (3\text{-}37)$$

$$Cu_2SO_4 + 2H_2SO_4 \longrightarrow 2CuSO_4 + 2H_2O + SO_2 \uparrow \qquad (3\text{-}38)$$

　　　褐红色　　　　　　蓝绿色

当土壤中有机质分解完毕,碳质被氧化后,消煮液则呈现清澈的蓝绿色即"清亮",因此,硫酸铜不仅起催化作用,也起指示作用。同时应该注意,开氏法刚刚清亮并不表示所有的氮均已转化为铵,有机杂环态氮还未完全转化为铵态氮,因此,消煮液清亮后仍需消煮一段时间,这个过程叫"后煮"。

消煮液中硫酸铵加碱蒸馏,使氨气逸出,再以硼酸吸收之,然后用标准酸液滴定之。

蒸馏过程的反应如下:

$$(NH_4)_2SO_4 + 2NaOH \longrightarrow Na_2SO_4 + 2NH_3 + 2H_2O \qquad (3\text{-}39)$$

$$NH_3 + H_2O \longrightarrow NH_4OH \qquad (3\text{-}40)$$

$$NH_4OH + H_3BO_3 \longrightarrow NH_4 \cdot H_2BO_3 + H_2O \qquad (3\text{-}41)$$

滴定过程的反应如下:

$$2NH_4 \cdot H_2BO_3 + H_2SO_4 \longrightarrow (NH_4)_2SO_4 + H_2O \qquad (3\text{-}42)$$

2. 主要仪器

消煮炉,半微量定氮蒸馏装置(图 3-1),半微量滴定管(5mL)。

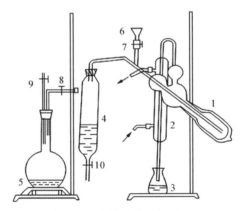

图 3-1　半微量蒸馏装置

1.蒸馏瓶;2.冷凝器;3.承受瓶;4.分水筒;5.蒸汽发生器;
6.加碱小漏斗;7、8、9.螺旋夹子;10.开关

3. 试剂

1)硫酸：$\rho=1.84g/mL$，化学纯。

2)10mol/L NaOH 溶液：称取工业用固体 NaOH 420g，放于硬质玻璃烧杯中，加蒸馏水 400mL 溶解，不断搅拌，以防止烧杯底角固结，冷却后倒入塑料试剂瓶，加塞，防止吸收空气中的 CO_2，放置几天，待 Na_2CO_3 沉降后，将清液虹吸入盛有约 160mL 无 CO_2 的水中，并以去 CO_2 的蒸馏水定容至1L加盖橡皮塞。

3)甲基红-溴甲酚绿混合指示剂：0.5g 溴甲酚绿和 0.1g 甲基红溶于 100mL 乙醇中。

4)20g/L H_3BO_3 指示剂：20g H_3BO_3（化学纯）溶于 1L 水中，每升 H_3BO_3 溶液中加入甲基红-溴甲酚绿混合指示剂 5mL，并用稀酸或稀碱调节至微紫红色，此时该溶液的 pH 值为 4.8。指示剂在用前与硼酸混合，此试剂宜现配，不宜久放。

5)混合加速剂：K_2SO_4：$CuSO_4$：Se＝100：10：1，即 100g K_2SO_4（化学纯）、10g $CuSO_4 \cdot 5H_2O$（化学纯）和 1g Se 粉混合研磨，通过 80 号筛充分混匀（注意戴口罩），储存于塞瓶中。消煮时 1mL H_2SO_4 加 0.37g 混合加速剂。

(6)0.02mol/L(1/2 H_2SO_4)标准溶液：量取 H_2SO_4（化学纯、无氮、$\rho=1.84g/mL$）2.83mL，加水稀释至 5000mL，然后用标准碱或硼砂标定之。0.01mol/L(1/2 H_2SO_4)标准液：将 0.02mol/L(1/2 H_2SO_4)标准溶液用水准确稀释 1 倍。

(7)高锰酸钾溶液：25g 高锰酸钾（分析纯）溶于 500mL 无离子水，储存于棕色瓶中。

(8)1:1 硫酸（化学纯、无氮、$\rho=1.84g/mL$）：硫酸与等体积水混合。

(9)还原铁粉：磨细通过孔径 0.15mm（100 号）筛。

(10)辛醇。

4. 操作步骤

1)称取风干土样（通过孔径 0.149mm 筛）1.0000g（含氮约 1mg），同时测定土样水分含量

2)土样消煮

(1)不包括硝态氮和亚硝态氮的消煮。

将土样送入干燥的开氏瓶（或消煮管）底部，加少量无离子水（0.5～1mL）湿润土样后，加入加速剂 2g 和浓硫酸 5mL，摇匀，将开氏瓶倾斜置于 300W 变温电炉上，用小火加热，待瓶内反应缓和时（10～15min），加强火力使消煮的土液保持微沸，加热的部位不超过瓶中的液面，以防瓶壁温度过高而使铵盐受热分解，导致氮素损失。消煮的温度以硫酸蒸气在瓶颈上部 1/3 处冷凝回流为宜。待消煮液和土粒全部变为灰白色稍带绿色后，再继续消煮 1h。消煮完毕，冷却，待蒸馏。在消煮土样的同时，做两份空白测定，除不加土样外，其他操作皆与测定土样相同。

(2)包括硝态氮和亚硝态氮的消煮。

将土样送入干燥的开氏瓶（或消煮管）底部，加高锰酸钾溶液 1mL，摇动开氏瓶，缓缓加入 1:1 硫酸 2mL，不断转动开氏瓶，然后放置 5min，再加入 1 滴辛醇。通过长颈漏斗将 0.5g

(±0.01g)还原铁粉送入开氏瓶底部,瓶口盖上小漏斗,转动开氏瓶,使铁粉与酸接触,待剧烈反应停止时(约 5min),将开氏瓶置于电炉上缓缓加热 45min(瓶内土液应保持微沸,以不引起大量水分丢失为宜)。停火,待开氏瓶冷却后,通过长颈漏斗加加速剂 2g 和浓硫酸 5mL,摇匀。按上述(1)的步骤,消煮至土液全部变为黄绿色,再继续消煮 1h。消煮完毕,冷却,待蒸馏。在消煮土样的同时,做两份空白测定。

3)氨的蒸馏

(1)蒸馏前先检查蒸馏装置是否漏气,并通过水的馏出液将管道洗净。

(2)待消煮液冷却后,用少量无离子水将消煮液定量地全部转入蒸馏器内,并用水洗涤开氏瓶 4~5 次(总用水量不超过 30~35mL)。若用半自动式自动定氮仪,不需要转移,可直接将消煮管放入定氮仪中蒸馏。

(3)于 150mL 锥形瓶中,加入 20g/L H_3BO_3 指示剂混合液 5mL,放在冷凝管末端,管口置于硼酸液面以上 3~4cm 处。然后向蒸馏室内缓缓加入 10mol/L NaOH 溶液 20mL,通入蒸汽蒸馏,待馏出液体积约 50mL 时,即蒸馏完毕。用少量已调节至 pH=4.5 的水洗涤冷凝管的末端。

(4)用 0.01mol/L(1/2 H_2SO_4)的硫酸或 0.01mol/L 的稀盐酸标准溶液滴定馏出液由蓝绿色至刚变为红色时,记录所用酸标准溶液的体积(mL)。空白测定所用酸标准溶液的体积,一般不得超过 0.4mL。

5. 结果计算

$$土壤全氮(N)量(g/kg) = \frac{(V-V_0) \times c \times 14.0 \times 10^{-3}}{m} \times 10^3 \quad (3-43)$$

式中,V 为滴定试液时所用酸标准溶液的体积,mL;

V_0 为滴定空白时所用酸标准溶液的体积,mL;

c 为 0.01mol/L(1/2 H_2SO_4)或 HCl 标准溶液浓度,mol/L;

14.0 为氮原子的摩尔质量,g/mol;

10^{-3} 为将 mL 换算为 L;

m 为烘干土样的质量,g。

两次平行测定结果允许绝对相差:土壤全氮量大于 1.0g/kg 时,不得超过 0.005%;含氮量为 1.0~0.6g/kg 时,不得超过 0.004%;含氮量小于 0.6g/kg 时,不得超过 0.003%。

6. 注意事项

(1)一般应使样品中含氮量为 1.0~2.0mg,如果土壤含氮量在 2g/kg 以下,应称土样 1g;土壤含氮量在 2.0~4.0g/kg 之间,称土样 0.5~1.0g;土壤含氮量在 4.0g/kg 以上,称土样 0.5g。

(2)开氏法测定全氮样品必须磨细通过 100 孔筛,以使有机质能充分被氧化分解,对于黏质土壤样品,在消煮前须先加水湿润使土粒和有机质分散,以提高氮的测定效果。但对砂质土壤用水湿润与否没有显著差别。

(二)土壤中磷的测定

1. 实验目的和原理

土壤全磷指土壤中磷元素的总储量,一般分为有机磷和无机磷。土壤全磷大部分是无机磷,有机磷约占全磷的20%~50%左右。土壤无机态磷是难溶性磷,由各种难溶性矿物组成,如磷灰石、磷灰土、绿铁矿、蓝铁矿、磷酸铁、磷酸铝等。土壤中有极少数的有机态磷,是由施入土壤中的有机肥料和植物残体合成的磷脂、核酸、核蛋白、植物素等组成。土壤全磷的测定包括难溶性磷和易溶性磷。本实验的目的是掌握磷的比色分析法。

土壤经强酸高温消煮,使难溶性磷酸盐转化为正磷酸盐,在适宜条件下用钼锑混合显色剂显色,形成一种钼磷酸杂聚络合物。溶液颜色深浅与磷的含量成正比关系,符合比尔定律,进行比色,简单反应如下:

$$H_3PO_4 + 12H_2P(MoO_{10})_4 = H_3P(MoO_{10})_4 + 12H_2O \tag{3-44}$$

2. 仪器与试剂

1)2,6-二硝基酚指示剂

称取0.2g 2,6-二硝基酚指示剂溶于100mL蒸馏水中。

2)硫酸钼锑储存液

(1)5g/L酒石酸氧锑钾溶液:取酒石酸氧锑钾0.5g,溶解于100mL水中。

(2)钼酸铵-硫酸溶液:称取钼酸铵10g,溶于450mL水中,缓慢地加入153mL浓H_2SO_4,边加边搅动。

再将上述(1)溶液加入到(2)溶液中,最后加水至1L,充分摇匀,储存于棕色瓶中,此为钼锑混合液。

3)钼锑抗混合显色剂

取上面钼锑储存液100mL,加入1.5g(左旋度+21,+20)抗坏血酸,使之溶解。此溶液临时用临时配。

4)4mol/L氢氧化钠

溶解氢氧化钠16g于100mL水中。

5)5%硫酸

取5mL浓硫酸慢慢倒入95mL水中。

6)磷标准溶液

准确称取在105℃烘箱中烘干的KH_2PO_4(分析纯)0.219 5g,溶解在400mL水中,加浓硫酸5mL(防长霉菌,可使溶液长期保存),转入1L容量瓶中,加水至刻度。此溶液为50μg/mL磷标准溶液。吸取上述磷标准溶液25mL,稀释至250mL,即为5μg/mL磷标准溶液(此溶液不宜久存)。

7)仪器和器皿

7221 分光光度计、电热板、容量瓶、三角瓶、小漏斗、移液管。

3. 实验步骤

1)土样消解

精确称取通过 100 目筛孔的风干土样 0.500~1.500g,放入 150mL 锥形瓶中用少量水(5mL)湿润,同时做一份空白实验(不加土样,其他试剂操作相同);三角瓶中加入 8mL 浓硫酸摇匀,加 10 滴高氯酸,瓶口上放一个小漏斗,置通风橱电炉上消煮至溶液开始转灰白色再煮 20min,全部消煮时间大约为 40~60min,然后取下冷却。将冷却后的消煮液倒入 100mL 容量瓶中(容量瓶中事先加少量水,不超过 30mL),用水冲洗锥形瓶(用水应根据少量多次的原则),轻轻摇动容量瓶,待完全冷却后,加水稀释,轻轻摇匀,洗入 100mL 容量瓶中,稀释至刻度,摇匀,静置或用无磷定性滤纸过滤,此液酸度约在 2mol/L 左右。

2)样品溶液的测定

吸取待测液 2.00(或 5.00)mL 于 50mL 容量瓶中,加水稀释至约 20mL,加 2,6-二硝基酚指示剂 2 滴,用氢氧化钠溶液调节 pH,使溶液出现黄色,再用 5% 稀硫酸 1 滴使溶液黄色刚刚褪去。准确加入硫酸钼锑抗混合显色剂 5mL,加水定容至刻度,摇匀,15~30min 后用 700nm 波长进行比色测定吸光度值。

3)磷标准曲线的制备

取 5μg/mL 磷标准溶液 0mL,1mL,2mL,4mL,6mL,8mL 分别加入 50mL 容量瓶中,加水约 20mL,加消煮后空白溶液 2mL,加 2,6-二硝基酚指示剂 2 滴,用氢氧化钠溶液调节 pH,使溶液出现黄色,再用 5% 稀硫酸 1 滴使溶液黄色刚刚褪去,准确加入硫酸钼锑抗混合显色剂 5mL,再用水定容至刻度,摇匀。得到分别为 0μg/mL、0.1μg/mL、0.2μg/mL、0.4μg/mL、0.6μg/mL、0.8μg/mL 的磷标准液,用 880nm 或 700nm 波长进行比色,以空白液的透光率为 100(或吸光度为 0),读出测定液的透光度或吸收值。再用软件或方格坐标纸绘制磷标准曲线。

4. 结果计算

$$\text{土壤全磷(P)量(g/kg)} = \rho \times \frac{V}{m} \times \frac{V_2}{V_1} \times 10^{-3} \tag{3-45}$$

式中,ρ 为待测液中磷的质量浓度,μg/mL;

V 为样品消解后的溶液毫升数;

m 为烘干土样品质量,g;

V_1 为吸取液的体积,mL;

V_2 为显色的溶液体积,mL;

10^{-3} 为将 μg 换算成 g 的数量系数。

5. 注意事项

(1)磷显色,对温度及测定范围都有一定要求。酸度要求范围在 0.45~0.65N 之间,最佳酸度为 0.65N。测定范围在(0.5~1)×10⁻⁶ 之间,选择性好,显色时间不超过 8h 均可。显色最佳温度为 30℃~40℃,显色时间少于 30min,比色结果偏低。

(2)室温低于 20℃时,可将溶液放在 40℃烘箱或热水中保温 30~60min。

(3)抗坏血酸要用新的试剂,现配现用,否则无效。

(4)钼蓝显色液比色时用 880nm 波长更灵敏,当实验室只有一般的分光光度计 721 型,就只能选 700nm 波长处测定。

(三)土壤中微量元素(铜、铅、锌等)的测定

1. 实验目的

土壤中的微量元素含量与土壤母质类型、腐殖质含量、成土过程和人为活动过程有关。土壤中铜、铅、锌的测定常用酸溶法(氢氟酸与盐酸、硫酸、硝酸、高氯酸等酸的一种、两种或几种酸组合的消化方法)分解样品制备成溶液,然后溶液中铜、铅、锌的含量可以用比色法、极谱法、原子吸收光谱仪或 ICP-OES 等仪器进行定量测试得到土壤中相应元素的含量。本实验主要学习使用原子吸收光谱仪测定土壤中的微量元素。

2. 方法原理

土壤样品必要时经硝酸或双氧水预处理,除去碳酸盐或有机质,然后用 H_2SO_4-HF 分解样品,破坏硅酸盐,再用硝酸-硫酸-高氯酸溶解残留物,经定容稀释得到定量待测溶液。原子吸收光谱法测定铜、铅、锌是目前最常用的方法,当光源辐射出具有待测元素的特征谱线的光通过试样所产生的原子蒸气时,被蒸气中待测元素的基态原子所吸收,由辐射特征谱线的光被减弱的程度来测试试样中该元素的含量。

3. 仪器与试剂

(1)聚四氟乙烯烧杯或聚四氟乙烯消解罐、电热板、原子吸收光谱仪。

(2)分析纯氢氟酸,优级纯浓硝酸、浓硫酸、盐酸。

(3)各种标准溶液。

①100μg/mL 的 Cu 标准溶液:溶解纯铜 0.100 0g 于 1:1 的 HNO_3 50mL 溶液中,用去离子水稀释定容到 1L。②Cu 标准系列溶液:将 100μg/mL 的 Cu 标准溶液用去离子水稀释 10 倍,即为 10μg/mL 的 Cu 标准溶液。准确量取 10μg/mL 的 Cu 标准溶液 0、2、4、6、8、10、15、20mL 置于 100mL 容量瓶中,用去离子水定容,即得 0、0.2、0.4、0.6、0.8、1.0、1.5、2.0μg/mL 的 Cu 标准系列。③100μg/mL 的 Zn 标准溶液:溶解纯金属锌 0.100 0g 于 1:1 的 HCl 50mL 溶液中,用去离子水稀释定容到 1L。④Zn 标准系列溶液:将 100μg/mL 的 Zn 标准溶液用去离子水稀释 10 倍,即为 10μg/mL 的 Zn 标准溶液。准确量取 10μg/mL 的 Zn 标准溶液 0、2、4、6、8、10mL 置于 100mL 容量瓶中,用去离子水定容,即得 0、0.2、0.4、0.6、0.8、1.0μg/mL 的 Zn 标准系列。⑤1000μg/mL 的 Pb 标准储备溶液:称取经 105℃~110℃烘干

的硝酸铅(光谱纯)1.590g 于 0.1mol/L 的 HNO_3 溶液中,转入 1L 容量瓶中,用硝酸溶液定容,存于塑料瓶中。⑥Pb 标准系列溶液:将 1000μg/mL 的 Pb 标准溶液 10mL 置于 1L 容量瓶中,用 0.1mol/L 的 HCl 溶液定容,得到 100 倍,即为 10μg/mL 的 Pb 标准溶液。准确量取 10μg/mL 的 Pb 标准溶液 0、2.50、5.00、7.50、10.00、12.50mL 置于 50mL 容量瓶中,用 0.1mol/L 的 HCl 溶液定容,即得 0、0.5、1.0、1.5、2.0、2.5μg/mL 的 Pb 标准系列溶液。

4. 实验步骤

1)样品消解

准确称取 0.5g(精确到万分之一天平)于聚四氟乙烯消解罐加水湿润,加入 5mL 硝酸、5mL 氢氟酸、1~2mL 高氯酸,消解至澄清,取下冷却,最后定容于 50mL 容量瓶中。样品消解的同时做空白试验。

2)样品测试

待测溶液、空白消化溶液和标准系列溶液用原子吸收光谱测定铜、铅、锌。具体的仪器参数使用设备设定参考值即可。用与样品测定同样的操作参数,在原子吸收光谱仪上测定相应元素的标准系列溶液吸收值(A),制作浓度-吸收值标准曲线或求得回归方程。

5. 结果计算

$$\text{土壤全 Cu(或 Zn 或 Pb)(mg/kg)} = c \times \frac{V}{m} \tag{3-46}$$

式中,c 为测试液减去空白消化液后所得的质量浓度,μg/mL;

V 为消解后定容的体积,mL;

m 为烘干土的质量,g。

6. 注意事项

样品的消解过程实际操作中可根据土壤样品具体情况调整用酸量或酸组合,消解过程注意温度不宜过高,防止消解液烧干。

(四)土壤中汞的测定

1. 实验目的和原理

土壤总汞一般采用冷原子荧光光度计测定。该方法灵敏度高,干扰少,是实验室广泛应用的测试方法,尤其是当试样溶液中汞含量小于 0.1μg 时。

土壤样品用王水混合试剂在沸水浴中加热消解,使所含汞全部变成二价汞离子,在酸性条件下再用氯化亚锡将二价汞还原成单质汞,形成汞蒸气,在载气带动下将汞吹出进行冷原子吸收测定。基态汞原子被波长为 235.7nm 的紫外光激发而产生共振荧光,在一定的测量条件下和较低浓度范围内,荧光浓度与汞浓度成正比。本实验主要学习用冷原子荧光法测定土壤中的汞元素。

2. 仪器与试剂

1）仪器和器皿

双通道原子荧光光度计（北京吉天仪器有限公司）、恒温水浴锅。

2）(1+1)王水溶液

取 3 份浓盐酸（优级纯，$\rho=1.19g/cm^3$）与 1 份浓硝酸（优级纯，$\rho=1.40g/cm^3$）混合，然后用超纯水稀释 1 倍。

3）硼氢化钾（KBH_4）-氢氧化钾（KOH）溶液（还原剂）

A 溶液：1％硼氢化钾-0.5％氢氧化钾；B 溶液：0.1％硼氢化钾-0.05％氢氧化钾。

4）硝酸-重铬酸钾溶液

称取重铬酸钾 0.50g，用水溶解，加入浓硝酸 50mL，用水稀释到 1L。

5）$100\mu g/mL$ 汞标准储备溶液

称取优级纯氯化汞 0.135 4g 于 250mL 烧杯中，用硝酸-重铬酸钾溶液溶解，转移到 1L 容量瓶中，再用硝酸-重铬酸钾溶液定容。

6）汞标准系列溶液

先将汞标准储备溶液用硝酸-重铬酸钾溶液稀释成 $0.1\mu g/mL$ 汞标准溶液。再分别取此标准溶液 0.00、1.00、2.00、4.00、6.00、8.00、10.00mL 于比色管中，用 3％硝酸溶液稀释到 25mL，得到 Hg 标准溶液分别为：0.0、4.0、8.0、16.0、32.0、40.0ng/mL。

3. 实验步骤

1）样品消解

准确称取 0.500 0g 过 100 目筛风干样品于 50mL 玻璃比色管中，加入 10mL(1+1)王水溶液，加塞于水浴锅中煮沸 2h，期间摇动 3~4 次。取下冷却，用超纯水定容至刻度线，摇匀静置，取上清液待测。同时制备全程序空白（不称取样品，按照与试样制备相同的步骤和试剂，制备空白）。样品消解后应尽快测定。

2）工作曲线

原子荧光光度计开机预热，按照仪器使用说明书设定灯电流、负高压、载气流量、屏蔽气流量等工作参数。仪器条件优化原则：$0.1\mu g/mL$ 汞标准溶液，能产生 100 左右荧光强度为宜；测定较低浓度的砷、汞、硒、锑和铋，应适当调高负高压或灯电流，以提高仪器灵敏度，并采用低浓度标准曲线测量。测试标准溶液系列建立工作曲线。

3）样品测定

定容后的样品消解溶液和空白样品按与标准工作曲线相同的仪器分析条件测定。

4. 结果计算

$$土壤全汞含量(mg/kg)=\frac{(c-c_0)\times V\times ts\times 10^{-3}}{m\times k} \tag{3-47}$$

式中，c 为样品溶液中汞的质量溶液浓度，ng/mL；

C_0 为空白溶液中汞的质量溶液浓度，ng/mL；

V 为测定液体积，mL；

ts 为分取倍数；待测消化液定容体积(mL)/测定时吸取待测消化液体积(mL)；

m 为样品质量，g；

k 为水分系数；

10^{-3} 为由 ng/mL 换算成 μg/mL。

5. 注意事项

(1)汞的测试过程特别注意测试环境汞的污染，玻璃对汞有吸附作用，所有的玻璃器皿使用前后都要在10%硝酸溶液中浸泡过夜，清洁后使用。

(2)当硼氢化钾浓度为1%、氢氧化钾浓度为0.5%时，可以同时满足砷、汞、硒、锑和铋的测定。而对于汞元素分析，可酌情将硼氢化钾浓度降低为0.1%以提高仪器灵敏度。

(五)土壤中砷的测定

1. 实验目的和原理

本实验主要学习用原子荧光光谱法测定土壤/沉积物中砷的含量。

土壤中砷经酸消解形成的酸性溶液在氢化物发生器中和硼氢化钾反应，生成气体砷化氢，用氩气将砷化氢气体导入石英炉中进行原子化，受热的砷化氢解离成砷的气态原子。砷原子受到光源特征辐射线照射而被激发产生原子荧光，荧光信号到达检测器变为电信号，经电子放大器放大后由读数装置读出结果。产生的荧光强度与试样中被测元素含量成正比，可以从标准工作曲线查得被测元素的含量。

2. 仪器与试剂

(1)双道原子荧光光度计、As高强度空心阴极灯、电子精密天平、水浴锅、比色管等。

(2)硼氢化钾、氢氧化钾、盐酸、硝酸选用优级纯，抗坏血酸、硫脲(分析纯)。

(3)(1+1)王水溶液：取3份浓盐酸(优级纯，$\rho=1.19\text{g/cm}^3$)与1份浓硝酸(优级纯，$\rho=1.40\text{g/cm}^3$)混合，然后用超纯水稀释1倍。

(4)硼氢化钾(KBH_4)-氢氧化钾(KOH)溶液(还原剂)。A溶液：1%硼氢化钾-0.5%氢氧化钾；B溶液：0.1%硼氢化钾-0.05%氢氧化钾。

(5)5%硫脲(10g硫脲溶解于200mL水中，摇匀)+5%抗坏血酸(10g抗坏血酸溶解于200mL水中，摇匀)的混合溶液，此溶液使用前配制。

(6)砷标准储备液1.00mg/mL：称取三氧化二砷(分析纯，在硫酸干燥器中干燥至恒重)0.660 0g，温热溶于10mL10%的氢氧化钠溶液中，移入500mL容量瓶中，用水定容。

(7)砷标准中间溶液100μg/mL：准确吸取砷标准储备液10.00mL于100mL容量瓶中，用10%盐酸水溶液定容，此溶液应当天配制使用。

(8)砷标准工作溶液 1.00μg/mL：准确吸取砷标准中间溶液 10.00mL 于 100mL 容量瓶中,用 10％盐酸水溶液定容,此溶液应当天配制使用。

(9)配制砷标准序列溶液：分别取 0.00、0.50、1.00、2.50、3.00mL 砷标准工作溶液于 50mL 容量瓶中,分别加 5mL 盐酸、10mL 5％的混合溶液(5％硫脲＋5％抗坏血酸),用水定容,摇匀。得到含砷量分别为 0.00、10.00、20.00、30.00、40.00、60.00ng/mL 的标准系列溶液,此标准系列溶液适用于一般样品的测定。

3. 实验步骤

1)样品消解

准确称取 0.200～1.000g 过 100 目筛风干土壤样品于 50mL 玻璃比色管中,加入 10mL (1＋1)王水溶液,加塞于水浴锅中煮沸 2h,期间摇动 3～4 次。取下冷却,用超纯水定容至刻度线,摇匀静置,取上清液待测。同时制备全程序空白(不称取样品,按照与试样制备相同的步骤和试剂,制备空白)。样品消解后应尽快测定。

2)样品测定

原子荧光度计开机预热,按照仪器使用说明书设定工作参数,在还原剂和载液的带动下,测定各点的荧光强度,校准曲线是减去标准空白后荧光强度对浓度绘制的工作曲线,然后依次测定样品空白、样品的荧光强度。

4. 结果计算

$$\text{土壤全砷含量(mg/kg)} = \frac{(c - c_0) \times V \times ts \times 10^{-3}}{m \times k} \tag{3-48}$$

式中,c 为样品溶液中砷的质量溶液浓度,ng/mL；

C_0 为空白溶液中砷的质量溶液浓度,ng/mL；

V 为测定液体积,mL；

ts 为分取倍数；待测消化液定容体积(mL)/测定时吸取待测消化液体积(mL)；

m 为样品质量,g；

k 为水分系数(1－土壤含水量)；

10^{-3} 为由 ng/mL 换算成 μg/mL。

5. 注意事项

(1)硼氢氏钾(钠)溶液应按半日用量配制,该溶液仅在 6 小时内可用。
(2)土壤处理还可用硝酸-高氯酸-硫酸分解法。

(六)土壤中硒的测定

1. 实验目的和原理

本实验主要学习用原子荧光光谱法测定土壤/沉积物中硒的含量。

样品经硝酸-高氯酸混合酸加热消化后，在盐酸介质中，将样品中的六价硒还原成四价硒，用硼氢化钠（NaBH₄）或硼氢化钾（KBH₄）作还原剂，将四价硒在盐酸介质中还原成硒化氢（SeH₂），由载气（氩气）带入原子化器中进行原子化，在硒特制空心阴极灯照射下，基态硒原子被激发至高能态，在去活化回到基态时，发射出特征波长的荧光，它的荧光强度和硒含量成正比。目前采用原子荧光光谱法测定经酸消解后的土壤或沉积物中的硒，一般都需要在消解液中加入一定量的盐酸或硫脲溶液再上机检测。

2. 仪器与试剂

（1）原子荧光分析仪、电热板。
（2）盐酸溶液：优级纯（1+1）。
（3）硝酸-高氯酸混合酸：硝酸（优级纯）V_1，高氯酸V_2，$V_1:V_2=3:2$。
（4）硼氢化钾碱性溶液 8g/L：称取 2g 氢氧化钾溶于 200mL 水中，加入 4g 硼氢化钾，搅拌至溶解完全，加水至 500mL，用定性滤纸过滤，储存于塑料瓶中备用。
（5）硒标准使用液：$\rho(Se)=0.05mg/L$，将硒标准储备液用 0.1mol/L 盐酸溶液稀释成 1.00mL 含 0.05μg 硒的标准使用液，于冰箱内保存。

3. 实验步骤

1）试样溶液的制备

称取待测样品 2g（精确至 0.0002g 于 100mL 三角瓶中，加入混合酸 10～15mL 盖上小漏斗，放置过夜。次日，于 160℃ 自动控温电热板上，消化至无色（土样成灰白色），继续消化至冒白烟后，1～2min 内取下稍冷，向三角瓶中加入 10mL 盐酸溶液，置于沸水浴中加热 10min 取下三角瓶，冷却至室温，用去离子水将消化液转入 50mL 容量瓶中，定容至刻度，摇匀。保留试液待测。空白试样除不加试样外，其余分析步骤同试样溶液的测定。

2）硒标准工作曲线绘制

用硒标准使用液逐级稀释配制成 $\rho(Se)$ 分别为 0.00μg/L、1.00μg/L、2.00μg/L、4.00μg/L、8.00μg/L 的标准溶液。各吸 20.00mL 使其中硒含量分别为 0.00ng、20.00ng、40.00ng、80.00ng、160.00ng 于氢化物发生器中，盖好磨口塞，通气氩气，用加液器以恒定流速注入一定量的硼氢化钾溶液。此时反应成的硒化氢由氩气载入石英炉中进行原子化。记录荧光信号峰值。标准溶液系列的浓度范围可根据样品中硒含量的多少和仪器灵敏度高低适当调整。用荧光信号峰值和与之对应的硒含量绘制标准工作曲线。

3）样品测试

分取 10.00～20.00mL 还原定容后的待测液，在与测定硒标准系列溶液相同的条件下，测定空白和样品试液的荧光信号峰值。

4. 结果计算

$$土壤总硒(Se)含量(mg/kg) = \frac{(m_1-m_0)\times 50}{m\times V_1}\times 10^{-3} \quad (3-49)$$

式中，m_1——工作曲线上查得的试样溶液中硒的质量数值，ng；

m_0——空白试液所测得的硒的质量数值，ng；

v_1——测定时吸取的试样溶液体积数值，mL；

m——土样的质量，g；

50——试样溶液定容体积数值，mL；

10^{-3}——以纳克为单位的质量数值换算为以微克为单位的质量数值的换算系数。

三、土壤中元素的形态分析

(一)单一提取态分析

对单一形态的单独提取法适用于当痕量金属大大超过地球背景值时的污染调查。它的特点是利用某一提取剂直接溶解某一特定形态，如水溶态或可迁移态、生物可利用态等。该方法操作简便，提取时间短，便于直观地了解土壤元素在土壤组分中的赋存状态，从而可以判别元素的分布、活动能力、受污染程度，可判断元素对生态系统的潜在危害性。表 3-2 中列举了一些常用的单独提取方案以及操作条件。

表 3-2 一些常用的单独提取方案以及操作条件

形态	提取剂	土壤：溶液($V:V$)	提取时间(h)
迁移态	H_2O	1:10	24
	1mol/L NH_4NO_3	1:2.5	2
	0.1mol/L $CaCl_2$	1:10	2
植物可利用态	0.05mol/L EDTA，pH=7.0	1:10	1
	0.43mol/L HOAc	1:40	16
	0.05mol/L DTPA，0.01mol/L $CaCl_2$，0.01mol/LTEA，pH=7.3	1:2	2
	0.05mol/L DTPA，0.01mol/L $CaCl_2$，0.01mol/LTEA，pH=7.3	1:10	2
	1.0mol/LEDTA 1.0mol/LNH_4OAc，pH=7.0	1:10	2

1. 中性和石灰性土壤有效铜、锌的测定——DTPA-TEA 浸提-AAS 法

1)方法原理

DTPA 提取剂由 0.005mol/L DTPA(二乙基三胺五乙酸)、0.01mol/L $CaCl_2$ 和 0.1mol/L TEA(三乙醇胺)组成，溶液 pH 值为 7.30。DTPA 是金属螯合剂，它可以与很多金属离子(Zn、Mn、Cu、Fe)整合，形成的螯合物具有很高的稳定性，从而减小了溶液中金属离子的活度，使土壤固相表面结合的金属离子解吸而补充到溶液中，因此，在溶液中积累的整合金属离子的量是土壤中金属离子的活度(强度因素)的总和。这两种因素对测定土壤养分的植物有效性十分重要。

DTPA 能与溶液中的 Ca^{2+} 螯合,从而控制溶液中 Ca^{2+} 的浓度。当提取剂加入到土壤中、使土壤液 pH 值保持在 7.3 左右时,大约有 3/4 的 TEA 被质子化($TEAH^+$),可将土壤中的代换态金属离子置换下来。在石灰性土壤中,则增加了溶液中 Ca^{2+} 的浓度,平均达 0.01mol/L 左右,进一步抑制了 $CaCO_3$ 的溶解,避免一些植物无效的包蔽态的微量元素释放出来。提取液中的 Zn、Cu 等元素可直接用原子吸收分光光度法测定。

2)主要仪器和试剂

(1)往复振荡机,原子吸收分光光度计。

(2)DTPA 提取剂(成分为 0.005mol/L DTPA、0.01mol/L $CaCl_2$ 和 0.1mol/L TEA,pH=7.3)。

(3)称取 DTPA(二乙基三胺五乙酸,$C_{14}H_{23}N_3O_{10}$,分析纯)1.967g 置于 1L 容量瓶中,加入 TEA(三乙醇胺,$C_8H_{15}O_N$)14.992g,用去离子水溶解并稀释至 950mL,再加 $CaCl_2 \cdot 2H_2O$ 1.47g 使其溶解。在 pH 计上用 6mol/L HCl 调节至 pH=7.30(每升提取液约需要加 6mol/L HCl 8.5mL),最后用去离子水定容。储存于塑料瓶中。

(4)Zn 的标准溶液。100μg/mL 和 10μg/mL Zn 溶液:溶解纯金属锌 0.1000g 于 1:1 HCl 50mL 溶液中,用去离子水稀释定容至 1L,即为 100μg/mL Zn 标准溶液;标准 Zn 系列溶液,将 100μg/mL Zn 标准溶液用去离子水稀释 10 倍,即为 10μg/mL Zn 标准溶液。准确量取 10μg/mL Zn 标准溶液 0mL、2mL、4mL、6mL、8mL、10mL 置于 100mL 容量瓶中,用去离子水定容,即得 0μg/mL、0.2μg/mL、0.4ug/mL、0.6μg/mL、0.8μg/mL、1.0μg/mL Zn 系列标准溶液。

(5)Cu 的标准溶液。100μg/mL 和 10μg/mL Cu 溶液:溶解纯铜 0.1000g 于 1:1 HNO_3 50mL 溶液中,用去离子水稀释定容至 1L,即为 100μg/mL Cu 标准溶液;标准 Cu 系列溶液,将 100μg/mL Cu 标准溶液用去离子水稀释 10 倍,即为 10μg/mL Cu 标准溶液。准确量取 10μg/mL Cu 标准溶液 0mL、2mL、4mL、6mL、8mL、10mL 置于 100mL 容量瓶中,用去离子水定容,即得 0μg/mL、0.2μg/mL、0.4μg/mL、0.6μg/mL、0.8μg/mL、1.0μg/mL Cu 标准系列溶液。

3)操作步骤

称取通过 1mm 筛的风干土 25.00g 放入 100mL 塑料广口瓶中,加 DTPA 提取剂 50.0mL,25℃下振荡 2h,过滤。滤液、空白溶液和标准溶液中的 Zn、Cu 用原子吸收分光光度计测定。

4)结果计算

$$\text{土壤有效铜(锌)含量(mg/kg)} = \rho \times \frac{V}{m} \qquad (3\text{-}50)$$

式中,ρ——标准曲线查得待测液中铜或锌的质量浓度,μg/mL;

V——DTPA 浸提剂的体积,mL;

m——称取土壤样品的质量,g。

2. 中性和酸性土壤有效 Cu、Zn 的测定——0.1HCl mol/L 浸提-AAS 法

1) 方法原理

0.1mol/L HCl 浸提土壤有效 Cu、Zn，不但包括了土壤水溶态和代换态的 Cu、Zn，还能释放酸溶性化合物中的 Cu、Zn，后者对植物的有效性则较低。本法适用于中性和酸性土壤。浸提液中的 Cu、Zn 可直接用原子吸收分光光度法测定。

2) 试剂

(1) 0.1mol/L 盐酸(HCl，优质纯)溶液。

(2) Zn 标准溶液：100μg/mL 和 10μg/mLZn 溶液，配制同前文。

(3) Cu 标准溶液：100μg/mL 和 10μg/mLCu 溶液，配制同前文。

3) 操作步骤

称取通过 1mm 筛的风干土 10.00g 放入 100mL 塑料广口瓶中，加 0.1mol/L HCl 50.0mL，25℃下振荡 1.5h，过滤。滤液、空白溶液和标准溶液中的 Zn、Cu 用原子吸收分光光度计测定。测定时仪器的操作参数选择同前。

4) 结果计算

通过测试含量结果与提取液体积计算提取总量与土壤称重量得到土壤有效态含量。

(二) 连续提取态分析

1. 实验原理

连续提取方法通过模拟不同的环境条件，比如酸性或碱性环境、氧化性或还原性环境以及螯合剂存在的环境等，系统地研究土壤中金属元素的迁移性或可释放性，能提供更全面的元素存在信息。

1979 年由 Tessier 等提出的基于沉积物中重金属形态分析的五步连续提取法已广泛应用于土壤样品的重金属形态分析及其毒性、生物可利用性等研究。该法将金属元素分为可交换态、碳酸盐结合态、铁锰氧化物结合态、有机物结合态以及残余态。称取定量样品，分别以氯化镁、醋酸钠、焦磷酸钠、盐酸羟胺、过氧化氢为提取剂提取离子交换态、碳酸盐结合态、弱有机结合态、铁锰氧化物结合态、强有机结合态，制备各相态分析液。适量提取上述各相态后的残渣，用盐酸、硝酸、高氯酸、氢氟酸处理后制备硅酸盐残渣态分析液。用全谱直读电感耦合等离子发射光谱法测定各相态中的铜、铅、锌、锰、钴、镍、镉、铬、钼；用氢化物-原子荧光光谱法测砷、锑、汞、硒。

2. 实验试剂

(1) 氯化镁：$c(MgCl_2)=1.0mol/L$，pH=7 [用稀 HCl 和稀 $Mg(OH)_2$ 调 pH]。

(2) 醋酸钠：$c(CH_3COONa \cdot 3H_2O)=1.0mol/L$，pH=5 (用稀 CH_3COOH 和稀 NaOH 调 pH)。

(3) 焦磷酸钠：$c(Na_4P_2O_7 \cdot 10H_2O)=0.1mol/L$，pH=10 (用稀 HNO_3 和稀 NaOH 调 pH)。

(4)盐酸羟胺-盐酸混合液:$c(NH_2OH \cdot HCl)=0.25mol/L$和$c(HCl)=0.25mol/L$。

(5)过氧化氢:$(H_2O_2)=30\%$,pH=2(用HNO_3调pH)。

(6)醋酸铵-硝酸混合液:$c(CH_3COONH_4)=3.2mol/L$和$c(HNO_3)=3.2mol/L$。

(7)稀王水:$(HCl:HNO_3:H_2O=3:1:2)$。

(8)硫脲+抗坏血酸$=1+1(m+m)$。

(9)硼氢化钾溶液:称取7g硼氢化钾、2g氢氧化钠溶于1000mL水中(现用现配)。硼氢化钾溶液:称取溶液(5.16g)100mL稀释至1000mL(现用现配)。

(10)盐酸(HCl):盐酸:水=1:1(体积比)。

3. 实验步骤

1)离子交换态

称取过100目筛样品2.500 0g于250mL聚乙烯烧杯中,准确加入25mL氯化镁溶液(1M,pH=7),摇匀,盖上盖子。于振速为200次/min的振荡器上振荡2h。取下,除去盖子,在离心机上于4000r/min离心20min。将清液倒入50mL比色管中。向残渣中加入约50mL水洗沉淀后,于离心机上4000r/min离心10min,弃去水相,留下残渣(A)。

2)碳酸盐结合态

向残渣[上步残留的残渣(A)]中准确加入25mL醋酸钠溶液摇匀,盖上盖子,于振速为200次/min的振荡器上振荡5h。取下,除去盖子,在离心机上于4000r/min离心20min。将清液倒入50mL比色管中。向残渣中加入约50mL水洗沉淀后,于离心机上4000r/min离心10min,弃去水相,留下残渣(B)。

3)弱有机结合态

向残渣(B)中准确加入50mL焦磷酸钠溶液,摇匀,盖上盖子,于振速为200次/min的振荡器上振荡3h。取下,除去盖子,在离心机上于4000r/min离心20min。将清液倒入50mL比色管中。向残渣中加入约50mL水洗沉淀后,在离心机上于4000r/min离心10min,弃去水相,留下残渣(C)。

4)铁锰氧化态

向上一步骤的残渣(C)中准确加入50mL盐酸羟胺溶液,摇匀,盖上盖子,于振速为200次/min的振荡器上振荡6h。取下,除去盖子,在离心机上于4000r/min离心20min。将清液倒入50mL比色管中。用水将沉淀转移到25mL比色管中,于转速为4000r/min的离心机上离心10min,弃去水相,留下残渣(D)。

5)强有机结合态

向上一步骤的残渣(D)中加入3mL HNO_3、5mL H_2O_2,摇匀。在(83 ± 3)℃的恒温水浴锅中保温1.5h,期间每隔10min搅动1次。取下,补加3mL H_2O_2,继续在水浴锅中保温1h,期间每隔10min搅动1次。取出冷却至室温后,加入醋酸铵-硝酸溶液5mL,并将样品稀释至约25mL,搅匀,于室温静置10h后在离心机上于4000r/min离心20min,将清液倒入50mL比色管中,水定容至50mL,摇匀。向残渣中加入约50mL水洗沉淀后,在离心机上于4000r/min离心10min,弃去水相,留下残渣(E)。

6)残渣态

将上一步骤残渣(E)风干,称重。称取 0.2000g 样品于聚四氟乙烯坩埚中,水润湿,加盐酸、硝酸、高氯酸混合酸($V:V:V=1:1:1$)5mL,氢氟酸 5mL,于电热板上加热蒸至高氯酸白烟冒尽。取下,加 3mL(1+1)HCl,冲洗坩埚壁,于电热板上加热至盐类溶解,取下冷却,定容于 25mL 比色管,摇匀。

7)溶液测试

全谱直读电感耦合等离子发射光谱法测各相态中 Cu、Pb、Zn、Mn、Co、Ni、Cd、Cr、Mo,用 AFS 测定 As、Sb、Hg、Se。计算不同提取态样品相应元素含量。

主要参考文献

戴青云,贺前锋,刘代欢,等,2018.大气沉降重金属污染特征及生态风险研究进展[J].环境科学与技术,41(3),57-64.

环境保护部,1989.GB 11893—89 水质　总磷的测定　钼酸铵分光光度法[S].北京:中国标准出版社.

环境保护部,1989.GB 11901—89 水质　悬浮物的测量　重量法[S].北京:中国标准出版社.

环境保护部,2009.HJ 506—2009 水质　溶解氧的测定　电化学探头法[S].北京:中国标准出版社.

环境保护部,2011.HJ 597—2011 水质　总汞的测定　冷原子吸收分光光度法[S].北京:中国标准出版社.

环境保护部,2014.HJ 694—2014 水质　汞、砷、硒、铋和锑的测定原子荧光法[S].北京:中国标准出版社.

环境保护部,2014.HJ 700—2014 水质　65种元素的测定电感耦合等离子体质谱法[S].北京:中国标准出版社.

环境保护部,2016.HJ 811—2016 水质　总硒的测定　3,3′-二氨基联苯胺分光光度法[S].北京:中国标准出版社.

环境保护部,2016.HJ 84—2016 水质　无机阴离子(NO_3^-、F^-、Cl^-、SO_4^{2-}、NO_2^-、Br^-、PO_4^{3-}、SO_3^{2-})[S].北京:中国标准出版社.

环境保护部,2007.HJ/T 341—2007 水质汞的测定冷原子荧光法[S].北京:中国标准出版社.

李璐,2017.适用于大气干湿沉降中重金属分析的样品采集及提取方法研究[J].绿色科技(8):101-104.

乔胜英,2012.土壤理化性质实验指导书[M].武汉:中国地质大学出版社.

王禹苏,张蕾,陈吉浩,等,2019.水中砷元素的测定和去除[J].科学技术创新(6):46-47.

吴翠琴,孙慧,邓红梅,2019.环境综合化学实验教程[M].北京:北京理工大学出版社.

夏学齐,2018.地球化学样品分析与数据应用统计[M].北京:地质出版社.

张海波,2013.环境分析化学实验[M].武汉:湖北科学技术出版社.

张学军,2010.分析化学实验教程[M].北京:中国环境出版社.

赵新华,2018.无机化学实验[M].北京:高等教育出版社.

附表 1　元素周期表

原子序数 → 1 H 1.00794 ← 原子质量

金属　类金属　非金属

IIA (2)

惰性气体

周期	IA (1)	IIA (2)	IIIB (3)	IVB (4)	VB (5)	VIB (6)	VIIB (7)	VIIIB (8)	VIIIB (9)	VIIIB (10)	IB (11)	IIB (12)	IIIA (13)	IVA (14)	VA (15)	VIA (16)	VIIA (17)	VIIIA (18)
1	1 H 1.00794																	2 He 4.00260
2	3 Li 6.941	4 Be 9.01218											5 B 10.811	6 C 12.011	7 N 14.00674	8 O 15.9994	9 F 18.99840	10 Ne 20.1797
3	11 Na 22.98977	12 Mg 24.3050											13 Al 26.98154	14 Si 28.0855	15 P 30.97376	16 S 32.066	17 Cl 35.4527	18 Ar 39.948
4	19 K 39.0983	20 Ca 40.078	21 Sc 44.95591	22 Ti 47.88	23 V 50.9415	24 Cr 51.9961	25 Mn 54.9380	26 Fe 55.847	27 Co 58.93320	28 Ni 58.69	29 Cu 63.546	30 Zn 65.39	31 Ga 69.723	32 Ge 72.61	33 As 74.92159	34 Se 78.96	35 Br 79.904	36 Kr 83.80
5	37 Rb 85.4678	38 Sr 87.62	39 Y 88.90585	40 Zr 91.224	41 Nb 92.90638	42 Mo 95.94	43 Tc 98.9072	44 Ru 101.07	45 Rh 102.90550	46 Pd 106.42	47 Ag 107.8682	48 Cd 112.411	49 In 114.82	50 Sn 118.710	51 Sb 121.75	52 Te 127.60	53 I 126.90447	54 Xe 131.29
6	55 Cs 132.90543	56 Ba 137.327	57 *La 138.9055	72 Hf 178.49	73 Ta 180.9479	74 W 183.85	75 Re 186.207	76 Os 190.2	77 Ir 192.22	78 Pt 195.08	79 Au 196.96654	80 Hg 200.59	81 Tl 204.3833	82 Pb 207.2	83 Bi 208.98037	84 Po 208.9824	85 At 209.9871	86 Rn 222.0176
7	87 Fr 223.0197	88 Ra 226.0254	89 †Ac 227.0278	104 Unq 261.11	105 Unp 262.114	106 Unh 263.118	107 Uns 262.12	108 Uno (265)	109 Une (266)	110 Uun (269)	111 Uuu (272)	112 Uub (277)						

*	58 Ce 140.115	59 Pr 140.90765	60 Nd 144.24	61 Pm 144.9127	62 Sm 150.36	63 Eu 151.965	64 Gd 157.25	65 Tb 158.92534	66 Dy 162.50	67 Ho 164.93032	68 Er 167.26	69 Tm 168.93421	70 Yb 173.04	71 Lu 174.967
†	90 Th 232.0381	91 Pa 231.0359	92 U 238.0289	93 Np 237.0482	94 Pu 244.0642	95 Am 243.0614	96 Cm 247.0703	97 Bk 247.0703	98 Cf 242.0587	99 Es 252.083	100 Fm 257.0951	101 Md 258.10	102 No 259.1009	103 Lr 260.105

附表2 不同温度下饱和甘汞电极电位

温度（℃）	电极电位（mV）	温度（℃）	电极电位（mV）	温度（℃）	电极电位（mV）	温度（℃）	电极电位（mV）
0	+260.1	13	+251.6	26	+243.1	39	+234.7
1	+259.4	14	+251.0	27	+242.5	40	+234.0
2	+258.8	15	+250.3	28	+241.8	41	+233.4
3	+258.1	16	+249.7	29	+241.2	42	+232.7
4	+257.5	17	+249.0	30	+240.5	43	+232.1
5	+256.8	18	+248.3	31	+239.9	44	+231.4
6	+256.2	19	+247.7	32	+239.3	45	+230.8
7	+255.5	20	+247.1	33	+238.6	46	+230.1
8	+254.9	21	+246.4	34	+237.9	47	+229.5
9	+254.2	22	+245.8	35	+237.3	48	+228.8
10	+253.6	23	+245.1	36	+236.6	49	+228.3
11	+252.9	24	+244.5	37	+236.0	50	+227.5
12	+252.3	25	+243.8	38	+235.3		